や世界一周は、『太平洋ひとりぼっち』で知
ーによる冒険的要素を持った航海だったも
代のごく一般的なセーラーでも、気軽に外
これを可能にしたのも、気象情報と通信手
はないでしょうか。
タントは、とくに海の気象を得意とする、民
気象台に予報官として勤務していた私の父
氷洋捕鯨が真っ盛りの時代で、気象予報官
が定年後、その時のノウハウを活用すべく、
です。
外協力隊の漁業隊員、漁業会社での駐在員
できました。しかし気象に関してはまった
強したものです。この世界に入ってからほ
いたのを、つい昨日のことのように思い出

を受験。悪戦苦闘の末に、かろうじて通過
の腕を試されるべく乗船した地質調査船で
り、時化や氷山に阻まれながらの困難な調
との信頼関係をどう築くかに苦労した覚え

は100%当ててはいけない」ということで
然ですが、時化が連日続くような状況では、
に予報を出すのです。すると、当日は予想
ね」と言ってはきますが、誰も怒りません。
。「いやいや、皆さんの行いが良いからです

まえがき

学術書ではな
気象の本を！

ついこの間まで、ヨットによる太平洋横
られる堀江謙一氏ら少数の熟練したセー
のです。しかし昨今は、「熟年」と呼ばれる
洋航海へと出かけて行く時代になりまし
段の飛躍的な進歩のおかげだと言えるの
私が代表を務める(株)気象海洋コンサ
間向け気象情報提供会社です。もともと
は、1954年に水産会社に入社。当時は
として捕鯨船に乗船していました。その父
1980年に設立したのがこの会社の始ま
私自身も、大学の海洋学部、日本青年
勤務などを通じて、海には比較的長く親し
くの門外漢であったため、とにかく必死に
ぼ10年の間、毎日のように天気図を描い
します。
1994年10月に、第1回気象予報士試
することができました。翌年から5年間、
の南極航海は、気象予報の難しさはもと
査の中で、天気予報を出す側と利用する
があります。
この体験で私が得たノウハウは、「天気
した。悪天を当てなければならないのは
翌日は良くなると思われた場合でも少し
よりはるかに良い海況。船員たちは「外れ
そう、良い海況だから、みんなうれしいので

筆者は、気象予報士として、さまざまな気象情報を提供するサービスを行うかたわら、自身も週末はヨットでのセーリングを楽しんでいる。ヨットの上でもパソコンを駆使し、ユーザーに向けて情報を発信するのが日課だ

よ」などと軽口を叩くわけですが、これも現場の気象予報技術の一つだと痛感しました。

オイルショックの時代に始まったこの調査も、2000年3月をもって、20年間の調査を終了しました。この調査への関わりを通じて、海上における気象業務経験を持つ技術者がいる唯一の会社として、少しずつですが、業界に我々の会社の名が知られるようになったと感じています。

そこで、これまでの拙い経験を基に、気象や天気についての本を書いてみようと思い立ちました。ただし、世に数ある気象の専門書とは違う、一風変わった実践的な気象の本としてです。

この本は、気象予報士試験を受験しようと思う人のための本でもなければ、専門的な気象学の知識を学ぶための本でもありません。読むほどに頭が痛くなるのは、私自身もうこりごりです。少しの知識と少しの観察、そして少しの情報で気象の何が分かるのかを記したつもりです。読者の皆様には、この実験的な試みにお付き合いいただくことを、前もってお詫びするとともに、深くお礼を申し上げておきます。

目次

CHAPTER.1

天気予報
利用する前に知っておきたいこと

CHAPTER.2

気象の基礎知識
天気予報を理解するために

CHAPTER.3

実践的天気予報

自分自身で天気を予測する

CHAPTER.4

異常気象

地球温暖化がもたらすもの

CHAPTER 1

第1章

天気予報

利用する前に知っておきたいこと

「明日は晴れるのだろうか？」「雨はいつまで降り続くのか？」
「今日は傘を持っていったほうがいいだろうか？」
これから先の気象について知りたいと思ったとき、
私たちの多くは、テレビやインターネットの天気予報を利用します。
天気予報は、もはや私たちの生活の一部になっていると言ってもいいでしょう。
エリアをかなり細かく指定できるピンポイント予報や、
風や波など目的別の予報など、
最近はいろいろな種類の気象情報を手にすることができるようになりました。
そんな便利な天気予報がどうやって作られているのか、
また、その利用の仕方など、まずは天気予報が
どんなものなのかを解説していきたいと思います。
「天気予報が外れた」と嘆く前に読んでおけば、きっと損はないはずです。

CHAPTER.1- **1**

天気予報の歴史

2,000年もの昔から、気象観測所「風の塔」は立っていた

本書を執筆するにあたってさまざまな資料を調べていたら、ギリシャのアテネに紀元前1世紀に建てられたという「風の塔」に出合いました。筆者は2004年のアテネ五輪で気象調査のために当地を二度訪ねていますが、その時はまったくその存在に気がつきませんでした。見たのはアクロポリスのみで、なんとも抜けていると言うか、残念で仕方がありません。

写真を見ると、その塔は時刻と風向の両方を測定する機能を備えており、8方位の風を測ることができるように八角柱となっています。各壁面には方位別に風の性質を表す神が彫られていて、たとえば、北東の神はカイキアス（冬の北極からの寒気の吹き出しによる局地風）を象徴するように全身に衣服をまとい、東や西の風の神は上半身裸で両手に果物の入ったような籠を持ち、南の風の神は大きな水がめを抱えています。おそらく風の吹いてくる方位によって、その時の気象現象や季節現象を表そうとしたのでしょう。

今から2,000年も前に、すでに気象を意識して観測がなされていたという事実には、ただただ驚かされるばかりです。それだけでなく、芸術と科学が同居していることにも古代のロマンのようなものを感じずにはいられません。

「夕焼けは明日の晴れ」などの天気に関する諺《ことわざ》に見られるように、経験によって天気を予見することはかなり以前からあったようです。

ところで、大気の本質を知る……つまり「空気とは何か」を初めて発見したのは、天文学の父と呼ばれるガリレオ・ガリレイです。ガリレオは空気に重さがあることを発見し、温度計も発明しました。以後、数多くの実験により、空気や気圧の成分が、酸素や窒素、二酸化炭素であると判明し、それらを測定する器具も発明されることになりました。これを発端として現代の天気予報の礎《いしずえ》となる「大気とは何か」「大気がどう変化するのか」ということが解明されていったのです。

その後、個別に測定されていた気象観測は、1837年のサミュエル・モールスの電信機の発明によって、一挙に気象観測網として拡大。その結果、広域の天気図が描かれるようになり、20世紀はじめに提唱される「数値気象予報」へと発展していくのです。気象データが広範囲に観測、交換されるようになると、大気の中身はさらに詳しく解明され、航空機やロケット、人工衛星の発明で地表から上層へと広がっていきました。しかし歴史的な意味から考えても、気象観測や天気予報の発展の立役者はなんといってもアテネの「風の塔」ではないかと思います。今も昔も海に出る多くの人々は、自身が風の塔と同じように独自の気象観測を行っているのです。

ガリレオ・ガリレイが発明した温度計

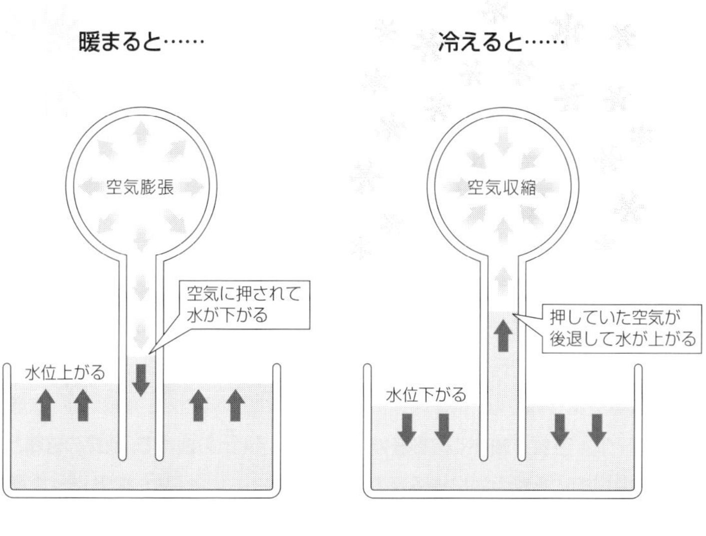

ギリシャ・アテネの「風の塔」

ギリシャのアテネに今も建つ「風の塔」。紀元前1世紀に建てられたと言われている。古代のギリシャ人たちは、この塔を利用して、時刻と風向を知っていたのだろう（写真提供：ギリシャ政府観光局）

CHAPTER.1- **3**

天気予報が外れる理由

観測誤差と計算誤差。誤差の度合いが的中率に影響する

天気予報は、すべてが当たるわけではありません。そこで、最新テクノロジーをもってしても100%ではない、天気予報の欠点と原因を探ってみましょう。

天気予報の原点は、まず観測。正確に、なおかつできるだけまんべんなく、たくさんの場所で観測データを採取することが重要なのは、言うまでもありません。

ところが実情はといえば、地上の観測点は陸上の平野部に偏っています。人工衛星がいくら優秀でも、雲を映す以外、採取される観測データのほとんどが、実のところ「推定値」といってよいものなのです。たとえば、海面や地表の温度にしても、実際に温度計で測れるわけもなく、海や陸から放射される赤外線を測って、それを温度に変換しています。したがって、海面や地表から人工衛星までの間にノイズ、とくに雲があると正確な測定はできません。人工衛星がいくら便利でも、昔ながらの直接測るという観測方法も欠かせません。

人工衛星など遠くから測定することを「リモートセンシング」と言い、対して直接測定することを「ダイレクトセンシング」と言います。やはり正確さにおいては、ダイレクトセンシングにかなうものはありません。

また、天気予報は地上だけではなく、高層の観測も重要です。これには手間や費用がかかるので、地上に比べて観測点は極端に少なくなります。日本を例にとると、地上の観測点はアメダスを含めて全国で約1,300カ所ほどもあるのに対して、高層の観測点は16カ所しかありません。これらの観測点不足分を補うためには人工衛星の利用が非常に有効なのですが、先に述べたようにリモートはダイレクトほどには万全でありません。というわけで、この地球上に均等になおかつ高密度に観測点を設けることは不可能なのです。

次に、得られた観測データを基にして行われる予報作業、これも最新コンピューターによってなされるからといって、決して完璧ではありません。本当のところ、まだよく分かっていない気象現象も数多くあり、それを画一的なプログラムで一気に計算するわけですから、どこかに誤差が溜まってきます。時間軸を進めるほどその誤差は大きくなり、的中率が下がってきます。

また、観測データは豊富なほどよいと言っても、無限というわけにはいきません。観測データを細かく拾えば拾うほど、計算時間は長くなるので、どこかで手打ちをする必要があります。しかし、地球をとりまく大気はつながっていますから、日本だけ切り取って計算しても無意味です。つまり観測データを選別するという行為からも、誤差が生まれるのです。

リモートセンシング（遠隔測定）

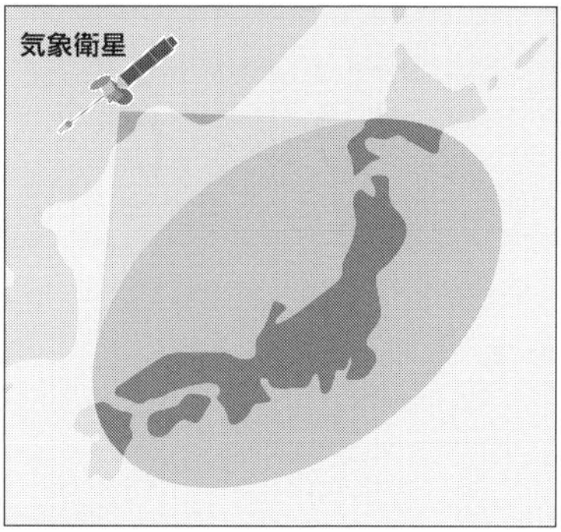

【利点】
一度に広範囲を測定できる

【欠点】
地球の表面までしか測定できない
誤差を生じる
気圧などは測定できない

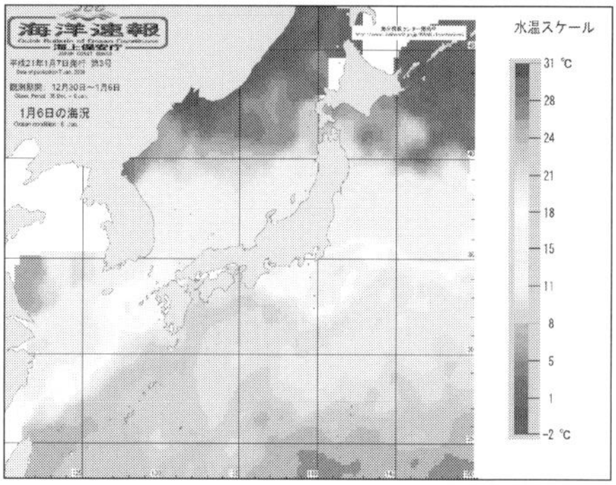

海上保安庁海洋情報部が提供する日本付近の水温図。とはいえ、広い海の上で、直接計測できる場所は限度がある。表示される水温の大部分は、気象衛星によって遠隔測定（リモートセンシング）された数値である

ダイレクトセンシング（直接測定）

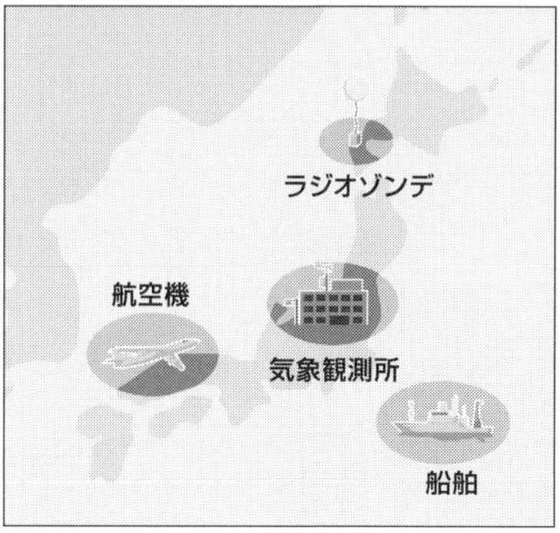

【利点】
直接正確な測定ができる
ほとんどの気象測定ができる

【欠点】
点としてしか測定できない
観測値に偏りを生じる

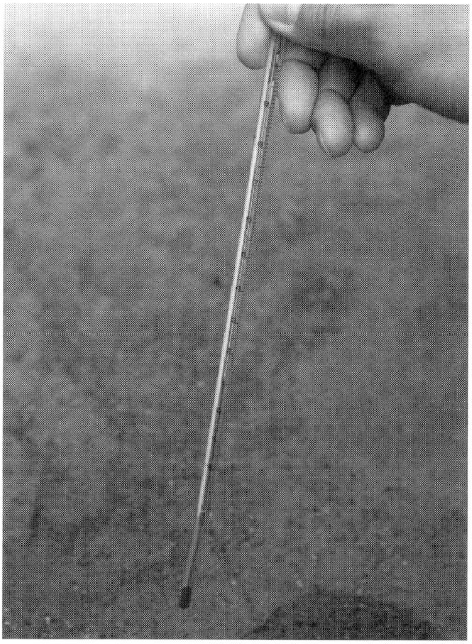

測定を行いたい現場で、実際に機器を使って測定する方法がダイレクトセンシングだ。写真のような基本的な方法もダイレクトセンシングの一つ

CHAPTER.1- **4**

天気予報の欠点を知る

地形や季節で信頼度が変わってくる。六つのポイントを覚えておこう

最新テクノロジーの結晶である天気予報にも欠点はあります。その欠点をあらかじめ知ることで、予報をさらに活用できるような六つのポイントを紹介します。

まず第一に、大気の現象には地球規模のものから、それこそタバコの煙程度のものまであること。いかに優秀な予測モデルでも、これらすべてを表現することは不可能で、今のところ数km四方までが限界です。

次に、局地的な陸地の形で大気の現象が変わるような場合も苦手だということ。たとえば岬の突端とその両側の風などは、その地形の形や高さなどを細かく表現して予測モデルを立てることができません。仮に地形を忠実にインプットすると、それがある種のノイズとなって今度は大きな現象の予測がうまく行えないなどの弊害が出てくることになります。

3番目に、予測をするには、まずその場所について現在の状況を知る必要があること。ところが、人の多く住んでいる陸地と無人の海上では、観測密度に大きな差が出てきます。人工衛星がいかに優秀でも、すべてをカバーできるわけではありません。この観測点、つまり観測データのばらつきは、予想を組み立てる場合に致命的な誤差となることがあります。

4番目に、大気の変化や動きを完全にモデル化できないということ。まだまだ人が知り得ない不確実な現象がたくさんあります。さらに、たとえばある特定地区の風を予測するためには、それ以前にもっと大きな大気の変化を予測して、それを踏まえて局地風の予測を行うわけです。もし前提となる大気変化の予測に誤差があれば、当然そこから導き出される風の予測は、もっと大きな誤差を生じます。

5番目は、ある誤差を持った予測の時間軸を進めれば進めるほど、その誤差は成長していくということ。1カ月予報などの長期予報がうまくいかないのはこのため。現在の予報は、1週間から10日程度までが限界です。

最後に、季節によって天気予報の難易度が変わること。冬と夏のように、季節を左右する大気が、比較的大きくしっかりとしている場合は予想も比較的容易になりますが、春から梅雨まで、あるいは秋雨から初冬までといったように、日本付近で暖かい空気と冷たい空気が押し合うような時期は予測も難しくなります。週間予報を例に挙げると、冬と夏の週間予報はおおむね週を通して信頼するに値しますが、春や秋になると週の前半のみ使用可能で、週の後半は予報が更新されるたびにクルクルと天気予報が変わるので要注意と言えます。私たちは、こういった毎日更新される週間予報の内容が一向に安定しない現象を「予想に日替わりがある」と呼んだりします。

ある日の週間予報と2日後の週間予報との比較（気象庁発表の図を元に作成）

2009年1月5日に作成した
地上天気の週間予想図

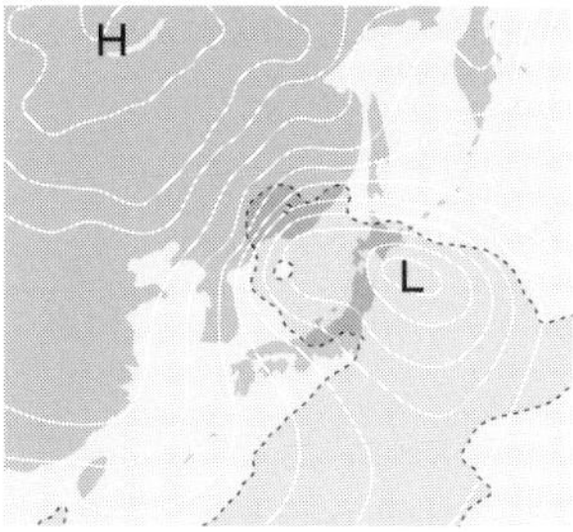

1月10日12時

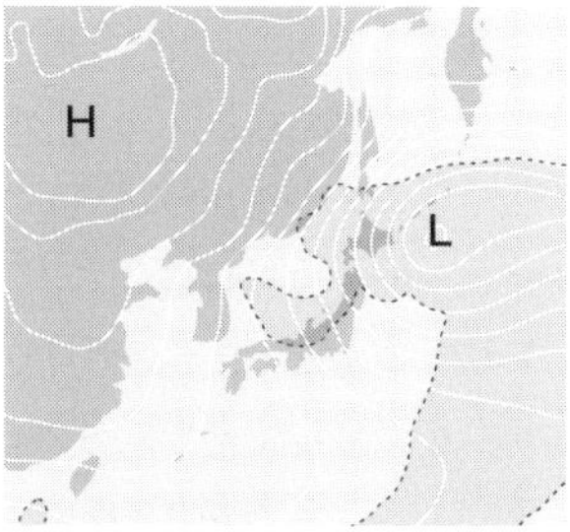

1月11日12時

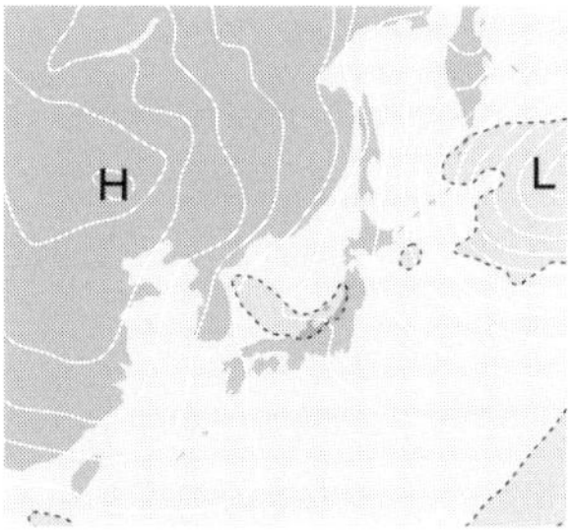

1月12日12時

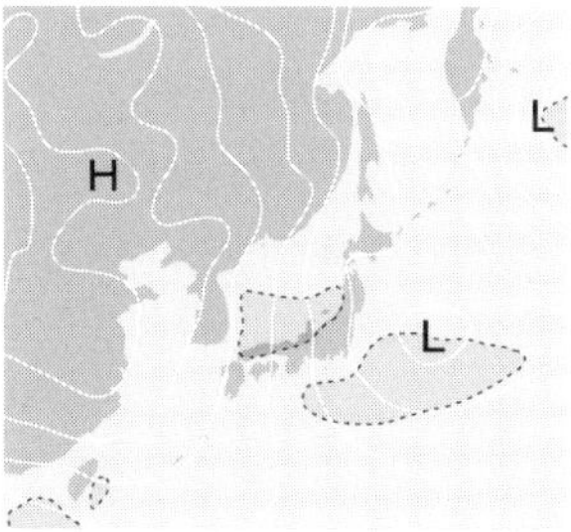

1月13日12時

2009年1月7日に作成した
地上天気の週間予想図

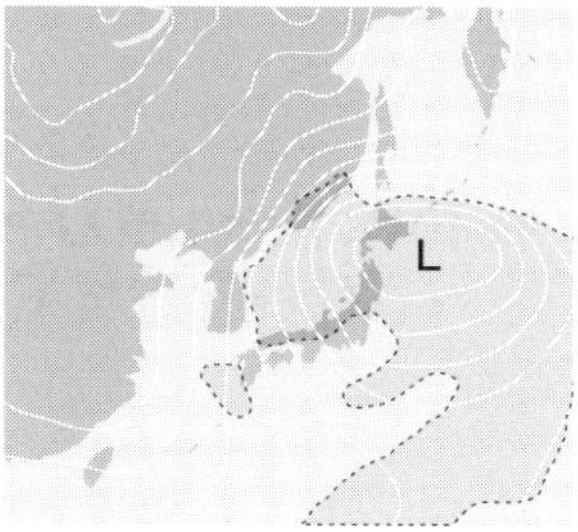

1月10日12時

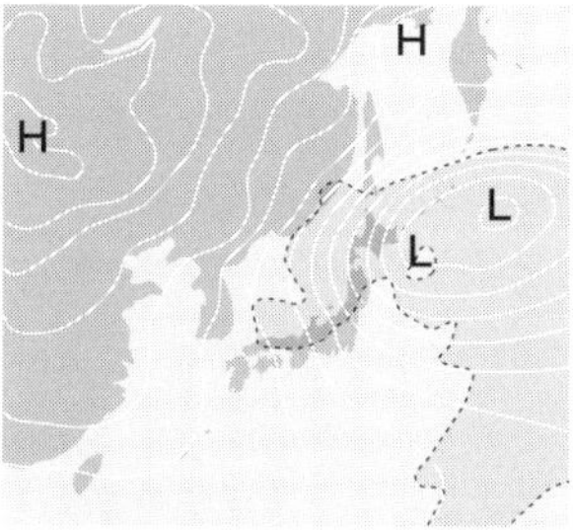

1月11日12時

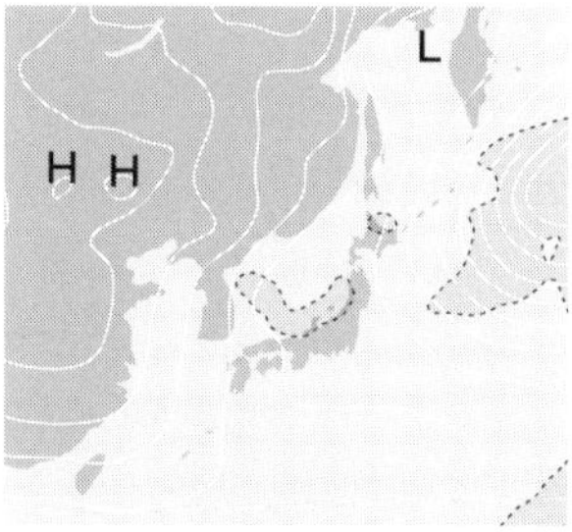

1月12日12時

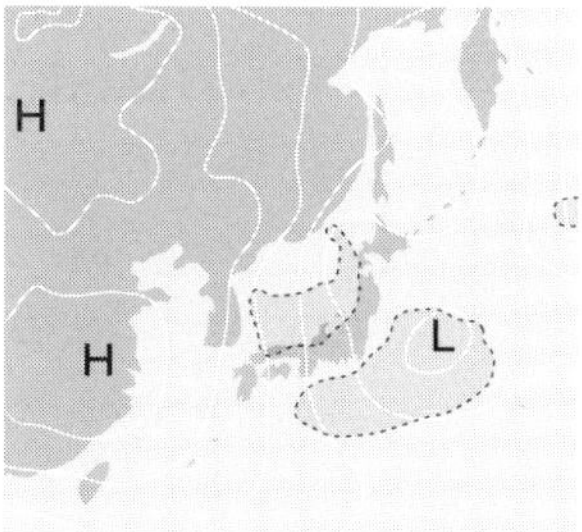

1月13日12時

CHAPTER.1- **5**

上手に予報と付き合う

不完全でも、天気予報は有効なヒント。あとは自分自身の読み解き方次第

予報を上手に使える人は、たとえ予報と現実が違っても、それを修正して活かす術を持っています。もちろん、それ相応のテクニックを兼ね備えていなければならないでしょうが、そんな人が本物の気象予報士であり、海上では身を助ける術となるのではないかと思います。

ところで、よくピンポイント予想などを売り文句にする天気予報がありますが、読者の皆さんはもうお分かりでしょう。そんなことは事実上ほとんど不可能だと。大小さまざまに絡み合った大気の変化から、あるポイントのみを取り出して予測することは、やはり難しいことだと言わざるを得ません。

本書の目的は、私たちが住む地球上には実にさまざまな大きさの大気現象があって、そして今、この地域がそういった大気現象のどこの部分に置かれているのか、さらに将来どうなっていくのかを、ご自身で判断できるように……少なくともこの本を読む前よりも、多少なりとも判断するノウハウを身に付けていただくことにあるのです。

当たらなかった天気予報に対して、その提供者に文句をいっても現実は変わりません。もちろん自然現象は人の言うことになど聞く耳を持ってくれません。今後どのように予報技術が進歩しても、やはりそれはおおまかなものでしょうし、受け取り側の読解力によって大きく価値が左右されることに違いはないでしょう。

大気は地形によって、あるいは上下に対流することで強くも弱くもなったりします。たとえば波が複数の方向から同時に集まって大波ができたり、さらに複合して巨大なうねりとなったりしますが、これらを正確に予測して数値化することはほとんど不可能。大気の場合もまったく同じで、コンピュータがどんなに進化しても、経験を蓄積していく以外に対処する術を得られません。

低気圧や台風の進む方向、速度も直線的ではなく、どっしりと構えた大きな高気圧でさえも絶えず膨らんだり縮まったりしています。天気図に描かれていない前線や、突発的に発生する積乱雲、その直下での雷雨や突風にしても同じです。

小型ヨットがレースで体験する風の強弱、風向の振れはピンポイントで予測できるはずもありません。しかし大気の動きを理解してさえいれば、今日は風の動きが活発だろうな、という程度には予測できます。曇りや雨の日より、晴れた日の方が大気は活発に動きます。海水が気温より高ければ高いほど、また、海水と陸地の間の温度差が大きければ大きいほど激しく動こうとします。要は天気予報の中から、自分が注意する現象が起こりやすいか否かを読み取ることができればよいわけです。

天気予報と上手に付き合う4つのポイント

1 天気予報のはずれの中身を知る

- **量的なはずれ**
  例:予報より弱い、予報より強い
- **時間的なはずれ**
  例:予報より早い、予報より遅い
- **空間的なはずれ**
  例:低気圧や台風の進路
- **局地的なはずれ**
  例:もともと予報にない

2 天気予報の根拠を知る

- 台風や低気圧の接近
- 高気圧が西から移動
- 気圧の谷・前線
- 上空の寒気

3 天気予報で注意しておく言葉

- 大気の状態が……
- ところにより……
- 発達中の……
- 活発な……

4 注意しておくべき地形

- **岬・半島** ↓ **風の急変**
- **湾内・海峡** ↓ **風の吹き込み、吹き抜け**
- **山・谷** ↓ **風の吹き下ろし、吹き出し**

日本沿岸の風情報

現在の天候と風の情報を知り、事前に手に入れた情報と照らし合わせる

日本の近場、それも沿岸付近で何かよい気象情報はないのかと探してみると……ありました。岬突端に設置している灯台から、海上保安庁が毎時間送信している「船舶気象通報」がそれです。ただし、これを受信するためには1670.5KHzを受信できるラジオが必要です。残念ながら普通のラジオでこの周波数は受信できません。しかし、携帯電話が通じる場所であれば、電話で聞いたり、パケット通信でデータを取得することも可能です。

この船舶気象通報の特徴は、灯台という海上にきわめて近い高所に観測点を置いているので、海上の風を比較的よく代表する情報を送ってくれるということです。それでも立地条件によっては、特定の風向で風が弱め、あるいは逆に強めに観測されることがあるので注意が必要です。おおまかですが、灯台背後の陸上から吹く風に対しては弱めとなり、沖から灯台へと吹きつける風は強めとなります。

一番厄介なのは、岬が突き出ている方向と直角に吹く風です。この場合、風上側は強めとなり、風下側は弱めとなることがあります。風を観測することは、実は非常に難しいのです。広い範囲で吹いている平均的な風を測りたくても、観測点が陸上にある限り、地形に影響されない場所はどこにもありません。

現在の天候と風の強さと方向を知ることは、事前に仕入れた天候情報を確認する意味で非常に大切です。予測より天候が早めに悪化するのか、あるいは予測がまったく外れているのか、その後の行動を決める上で重要な判断材料となるからです。

もし船に乗っていて「行くべきか、行かざるべきか」判断に迷ったら、70%以上、行かないと判断すべきです。もちろん、船の特性や装備、乗員の技量、目的によっては、決行することもありかと思います。でも、日本近海であれば「狭い日本、そんなに急いでどこへ行く」でいいのではないでしょうか。

たいていの人は判断に迷った時、70%以上は現実の天候を自分の良いように解釈してしまう習性があります。ですから70%以上は行かない方がよいのです。

天気も人生も坂の連続。上りもあれば下りもありますが、もう一つの坂、「まさか」という坂が一番恐いと思います。自然現象、とくに海上の天候を、平均で鵜呑みにすることほど危険なことはありません。10m/sの風は、常に5m/sから15m/sの間で変化し、3mの波は、2mから6mの間で常に変化していると言えます。はじめから最大値に対処できるようにしておくならまだしも、平均以上はないとして行動すると、この「まさかの風」と「まさかの波」に翻弄されることになるのです。

MICS（沿岸域情報システム）の運用個所

【海上保安本部】

函館	0138-44-1177	四日市	059-359-4761	三池	0944-41-9177
小樽	0134-23-1177	尾鷲	0597-25-2200	唐津	0955-70-0117
室蘭	0143-25-5177	鳥羽	0599-25-0177	長崎	095-829-6177
釧路	0154-23-3377	大阪	06-4395-3900	佐世保	0956-27-8177
留萌	0164-49-2277	神戸	078-327-4177	対馬	0920-52-8177
稚内	0162-24-7777	姫路	079-231-5117	大分	097-524-0711
紋別	01582-6-3777	和歌山	073-402-6177	敦賀	0770-22-0177
根室	0153-29-3377	田辺	0739-23-3177	舞鶴	0773-78-3177
青森	017-731-2177	徳島	0885-35-1177	境	0859-47-4177
八戸	0178-32-2177	高知	088-837-8177	浜田	0855-27-4877
釜石	0193-31-2177	水島	086-447-8177	新潟	025-248-1776
宮城	022-363-9177	玉野	0863-32-3586	伏木	0766-45-1778
秋田	018-845-2177	広島	082-250-3177	金沢	076-268-1770
酒田	0234-21-4177	呉	0823-32-1177	七尾	0767-52-1776
福島	0246-73-9177	尾道	0848-20-1177	熊本	0964-48-2977
茨城	029-264-0177	徳山	0834-27-5177	宮崎	0987-22-0177
千葉	043-302-1177	高松	087-821-7032	鹿児島	099-805-0177
銚子	0479-20-0177	松山	089-967-7177	串木野	0996-21-2377
東京	03-3570-0177	今治	0898-24-6177	奄美	0997-55-0177
横浜	045-201-2177	宇和島	0895-20-0177	那覇	098-860-3177
横須賀	046-860-0177	仙崎	0837-26-5177	中城	098-921-3177
清水	0543-55-0177	門司	093-321-9177	石垣	0980-88-8177
下田	0558-27-3177	若松	093-751-9177		
名古屋	052-659-0177	福岡	092-281-9177		

【海上交通センター】

東京湾	0468-44-4521
名古屋港	052-398-0714
伊勢湾	0531-34-2333
大阪湾	0799-82-3040
備讃瀬戸	0877-49-1041
来島海峡	0898-31-8177
関門海峡	093-381-3399

※パソコン、携帯電話の場合は、それぞれ以下のトップページからアクセス可能。
［パソコン］ http://www.kaiho.mlit.go.jp/info/mics/
［携帯電話］ http://www.kaiho.mlit.go.jp/info/mics/m

【横浜海上保安部のウェブサイト】
http://www6.kaiho.mlit.go.jp/yokohama/

灯台などの観測地点の風向と風速が、ほぼリアルタイムで把握できる

【大阪湾海上交通センターのウェブサイト】
http://www6.kaiho.mlit.go.jp/osakawan/

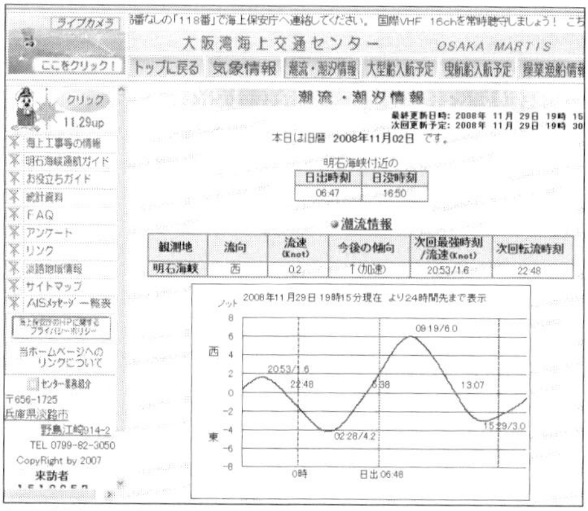

気象情報以外にも、潮汐・潮流情報なども知ることができる

CHAPTER.1- **7**

メディアで情報を得る

シーマンでも、家庭向けの天気予報を活用。重要なキーワードを聞き逃さないこと

一般的な陸上での天気予報は、テレビや新聞で日常的に得ることができます。ただし、主たる対象はあくまでも一般家庭のお茶の間。天気予報自体は3時間ごとの詳しいものですが、こと海上については台風や発達した低気圧でもない限り、実にあっさり、時にはまったくないことも珍しくはありません。

そんな実情ですが、シーマンとして一般向け天気予報の中で唯一聞き逃してはならないのは、低気圧と前線、そして上空の寒気うんぬんの解説です。この三つは海上での風の吹き方に大いに関連してくるので、たとえ海上に関する解説が一切なくても、情報源として十分活用が可能です。また、新聞に載っている気圧配置を表した天気図からは、およその風の吹き方が推定できるので、これも今日、明日程度の気象判断には役立つと思います。

問題は海の上にいる場合です。高価な衛星通信機を船に搭載しているのであれば、陸上と同じ環境で気象情報を入手することも可能です。しかし、1分数百円もかかる通信費を考えると、とても一般的なものとは言えません。

そこで再度注目したいのがラジオの利用です。できれば、短波域の周波数も聞けるラジオであれば最高です。周波数は地域によって異なりますが、NHK第二放送で1日3回放送されている「気象通報」がもっとも便利です。「○○島では東の風、風力3、天気曇り、気温15度、気圧1,005hPa……」という具合に、気象情報を放送してくれます。ひと昔前までは、多くの人がラジオの前に陣取ってこの放送を聞き、天気図用紙を広げて記入していたものです。最近でこそ、ほかのメディアの気象情報の前にすっかり影を潜めてしまいましたが、以前はラジオによる気象通報の書き方、読み方の解説本もたくさん出回っていました。

日本近海で、ラジオ以外にまったく情報を収集する手立てがないという場合も、決してないわけではありません。一人で船に乗っている時、時化で記入する余裕がない場合など、漁業気象の概況を発表する「気象通報」を聞くだけでも十分だと思います。「四国沖の北緯○○度、東経○○○度には1,000hPaの低気圧があって……」だけでも、何かに書きつけておきましょう。

手前味噌になりますが、気象のプロともなると、気象通報を聞き終わった瞬間に、頭の中に天気図ができています。広い海の上で位置を特定するには緯度と経度しかありませんから、頭の中に碁盤の目を描き、そこに情報をプロット（記入）していくのです。低気圧と前線の位置、その進行方向と速度などさえ分かれば、このあと何時頃、どんな天気になるかを判断するのは、それほど難しいことではありません。

いろいろな天気図記号

【天気記号】

快晴		みぞれ	
晴れ		霧	
曇り		あられ	
雨		ひょう	
霧雨		雷	
雨強し		煙霧	
にわか雨	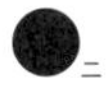	砂じんあらし	
雪		地ふぶき	
にわか雪		不明	

【前線記号】

温暖前線	
寒冷前線	
停滞前線	
閉塞前線	

【風力記号】

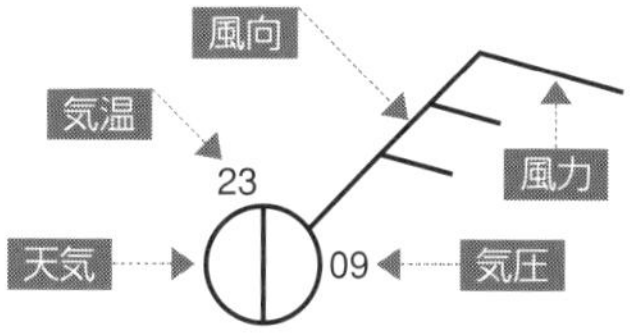

天気図用紙

ラジオのNHK第二放送で、1日3回（9時10分、16時、22時）放送される気象通報。全国各地と近隣諸国の主要都市の天気と気温などが実況されるので、情報を天気図用紙に自分で描いていく。

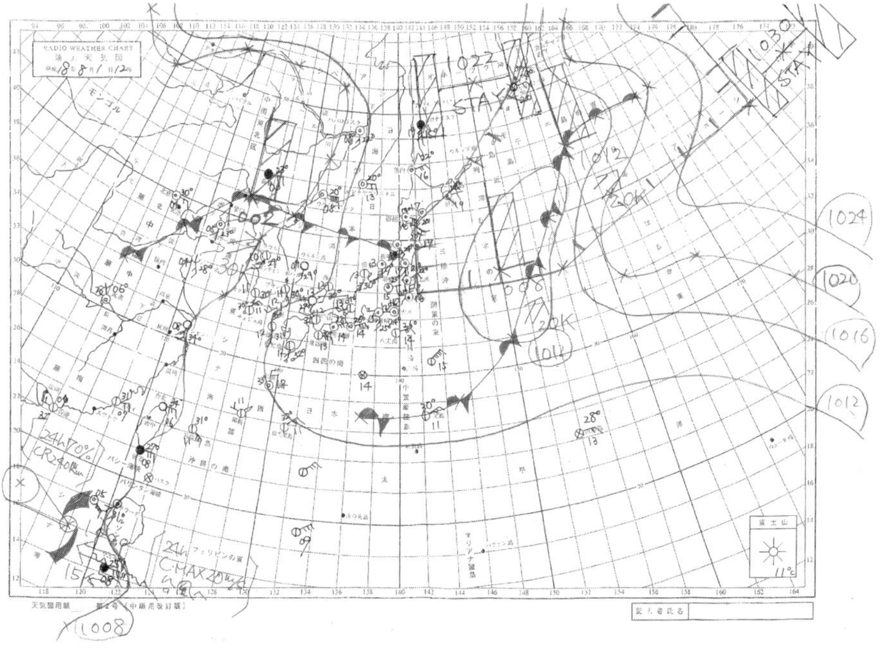

遠い洋上での気象情報

短波無線を使った気象ファクスに代わり、インマルサットとイリジウムが主流に

陸上と海上の通信での根本的な違いは、まさに有線と無線の違いに尽きます。そして無線を使った通信手段と言えば、アマチュア無線に代表される短波無線と、静止衛星の一つである「インマルサット」を介した極超短波を利用しての通信に二分されます。

短波無線を使った通信は、1本のアンテナですべて賄えるので設置費用が安く、通信費は原則として無料であることが利点。各国が船舶向けに流している通称「気象ファクス」という放送を利用できます。その内容は、現在から数日先までの実にさまざまな天気図ですが、これをひと昔前は専用の受信機で受信して紙に打ち出していました。現在は、受信機とパソコンを接続してモニター上に表示させることも可能です。

と、ここまでは良いことずくめなのですが、実は短波無線の電波ほど不安定なものはありません。いかに立派なアンテナを立てても、電離層や場所の関係で受信不良が度々起こります。以前筆者が南極海に出かけていた頃、南アフリカのプレトリア、オーストラリアのメルボルン、南極大陸のケーシーなどの放送局から気象ファクスを受信していましたが、いつも陸地から離れれば離れるほど受信感度が落ちていき、最後は雑音だらけの、とても天気図とは呼べない代物に変わり果てていたものです。幸い当時から人工衛星の雲写真を直接受信していたことや、陸上との情報のやり取りに衛星通信を使っていたため事なきを得ましたが、もしそれらがなかったらと思うと、今考えても冷や汗ものです。

短波無線に対して、インマルサットはさすが高価な設備と通信費が必要なだけあって、ほとんどの海域で、それこそ何でも受信可能です。ただしアンテナは常に衛星の方角を指す必要があるため、かなり大きなものになってしまいますし、いつも衛星を追うように動いているため、小型で動揺の激しい船ではストレスからアンテナが故障することもあります。

一方、インマルサットの扱いづらさを補うように、南極点と北極点上を周回する66個の衛星がリレー中継する方式の「イリジウム」という衛星通信システムがあります。このイリジウムの利点は、66個の衛星のうちどれか一つでも海域の上空にあれば通信可能で、しかも設備は携帯電話より一回り大きい程度、さらに消費電力も少ないため、海上では有効な通信手段と言えます。しかし、データ通信速度が極めて遅く、また動き回る衛星同士で通信のキャッチボールを行う仕組みから、5分以上の長電話になると回線が途切れることがあるなどの欠点もあります。ただ、通信料がインマルサットの2分の1ほどで済むのは魅力的です。

イリジウムを使った洋上の船舶との通信の流れ

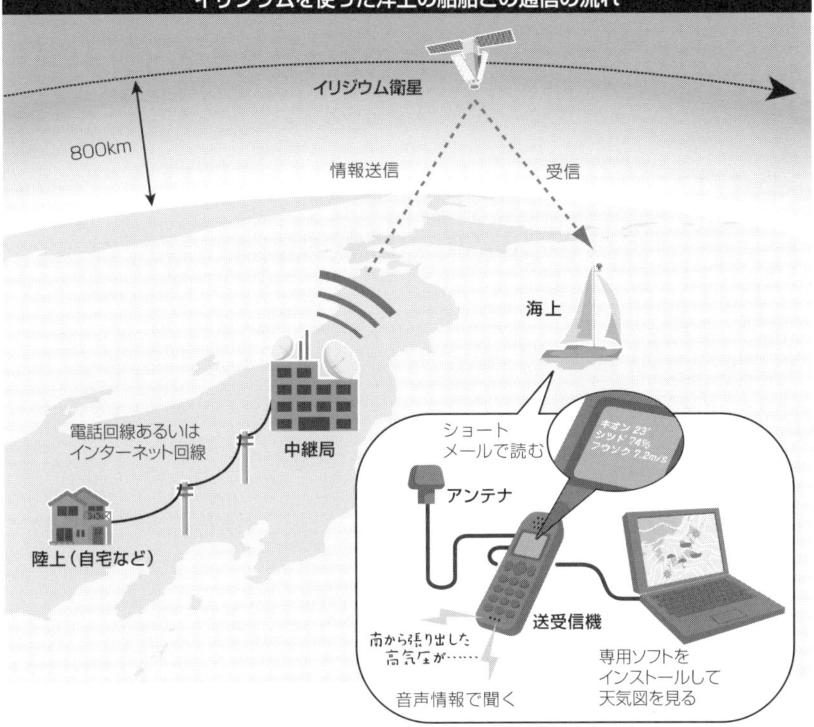

小型船舶での運用例

ヨットなどの小型船舶が洋上で気象情報を得るために、衛星電話のイリジウムを利用する例が増えてきた。上は、2008年に小型ヨットで世界一周を達成した目黒たみをさんの愛艇〈ダーマ〉の船内

身近な気象観測の道具

気圧と風の変化を敏感に感じる！アウトドア用デジタル腕時計は便利なツール

気象観測は、測定器を用いて大気の変化をつかみ、予測を組み立てます。とはいえ、個人が大がかりな気象観測機器を持ち歩くことなど到底無理ですから、できるだけコンパクトで、しかも必要最小限の機器に限られるでしょう。目的は観測ではなく、予測のための道具ですから、気象台など公的機関ほどの高い精度は必要ないと考えます。

ここでは海上、それもラジオやテレビ、新聞もないものとして話を進めます。そんな時、一番役に立つのが気圧計です。気圧が上がりつつあるのか、下がりつつあるのかは、天候の今後を最も端的に表す情報だからです。

ただし、一時だけの変化にとらわれると、予測を読み間違えます。日中、気温が上がってくると空気は軽くなるため、気圧は必ず下がります。これを「気圧の日変化」と呼びますが、それを差し引いても気圧がぐんぐん低くなるようであれば、天気はほぼ確実に悪くなり、西からは低気圧、あるいはそれに類する気圧の谷が近づいてきていると考えてよいでしょう。

風の強さはおよその体感、または海上を見て波の立ち方から想像できるはずです。風速何m/sとか何ktというより、やはり昔から使われている風力が一番分かりやすいようです。慣れるとほとんど体で覚えてしまい、人間風速計になれるはずです。

また、その風がどこから吹いてくるかという風向も重要な要素です。船の場合、風向はコンパスで測れますが、ここで重要なのは風向の変化です。そのためには、少なくとも気圧と同じく、1時間に1回程度は確認する必要があるでしょう。風向が変わらず、風速が増し、気圧が下がってきている場合、真っすぐこちらに低気圧が近づいていることになります。風向が反時計回りに（東から北へという具合に）変化するようであれば、低気圧は南を、時計回りに変化するようであれば北を通過する前兆かもしれません。

このように、風と気圧の変化だけでもかなりのことが予想できますが、これにうってつけの携帯観測機器が、温度計や気圧計とコンパス付きのアウトドア用デジタル腕時計です。潮汐の変化を表示するタイドグラフや、大潮と小潮を判定できる月齢計がついている製品もあり、価格も2万円程度～と手軽です。筆者は陸にいる時もこれを身につけ、陸、海いかんにかかわらず、常時気を配るよう習慣づけています。気象を意識するためには「パブロフの犬」的なこの習慣づけが重要です。ほかに何も予測情報がない時、一番大切なことは、まず現在までに天気で何がどう変わってきたのか、それを自分の目と耳、そしてこの小さな道具で確認しておくことなのです。

アウトドア用デジタル時計のいろいろな機能

スント社のアウトドア用デジタル腕時計「ヨットマン」(価格55,000円)。30m気圧防水仕様で、本格的な使用にも耐える頑丈な設計が施されている

気圧表示モードに切り替えると、画面に「1020」という現在の気圧が大きく表示された。上の方の小さい数字「21」は、現在の温度を表示している

気圧、温度の表示に加えて、このモデルのように、コンパス機能を備えているものも少なくない。たとえば風向を知る際などには、大変便利な機能だ

ヨットに設置された気圧計

大昔から、船に基本の道具として設置されてきたのが気圧計。現在の気圧を知ることはもちろんだが、気圧の変化を知り、今後の天候の変化を予測する上で大変役に立つ。表面のガラスの外側に付いた針を、あらかじめ中の針と同じ位置に合わせておけば、あとで見た時に、気圧が上がってきているのか、それとも気圧が下がってきているのかが、一目で確認できる

CHAPTER.1- 11

風速の見極め方

風速の表示には三つの単位がある。「風力階級」の真ん中の値を上手に使う

風の強さを表す値、つまり「風速」には三つの単位が入り混じっていて、これが風速というものを使いづらくしている原因となっています。一般的には、風速は1秒間に何m進むかで表し(m/s)、海上では1時間に何海里進むかで表します(kt)。m/sからktへの簡単な換算方法として「m/sの2倍がkt」と覚えておけば便利だと思います。つまり10m/sの風は20ktということです。ただしこの二つの単位は風速計を用いることを前提としていますので、目視で測ると当然誤差が生じます。

三つ目の単位として、船乗りの間では「風力階級」がよく用いられています。風力階級とは、帆船全盛時代の19世紀に、イギリスの海軍提督であったフランシス・ビューフォートが発案した風の階級のこと。目視によって観測された風の強さを、0から12までの階級に分けて、縮帆を効率よく行う目安にするというものです。

風は絶えず変化します。ある程度の幅を持たせたこの風力階級は、経験を積めば、風速計がなくてもほぼ間違いなく風の強さを推測できますから、海上で風の強さを表すのに一番便利な方法だと思います。

風力0が1kt以下で0.0～0.2m/s、風力1が1～3ktで0.3～1.5m/s、風力2が4～6ktで1.6～3.3メートル……風力10が48～55ktで24.5～28.4m/s、風力11が56～63ktで28.5～32.6m/s、風力12が64～71ktで32.7～36.7m/sですが、問題はこの風力階級をm/sに換算すると、整数で割り切れない数値になってしまうことです。

そこで筆者おすすめの方法は、風力階級ごとで、中央付近の値を覚えておくというものです。風は絶えず変化していますから、端の値を覚えても実用的ではありません。そもそも風の観測というのは独特で、通常10分間連続して風を測り、その平均値を風速としています。気象情報で発表される風速もこの10分間の平均風速のことで、瞬間の値ではありません。

一方、最大風速は、10分間の平均風速が連続しているうちから最大を選んだもので、最大瞬間風速はその名の通り、ある一定時間内で計測された瞬間値の最大です。ちなみに平均風速と最大風速、最大瞬間風速との間には、およそ1:1.5:2程度の関係が成り立ちます。つまり平均風速10m/sの最大風速は15m/s、最大瞬間風速は20m/s程度という具合ですので、覚えておくとよいでしょう。

ただし、曇りや雨の日のように大気の対流が不活発な日には、最大風速や最大瞬間風速がこれより小さいこともあります。また「晴れのち雷雨」などという大気の対流が活発な日には、これより大きくなることもあります。

筆者おすすめの風力階級に対する風速のおよその中央値

風力階級	風速(ノット)	風速(m/s)	備考
0	0	0	
1	2	1	
2	5	3	さざ波が立つ頃
3	9	5	白波が現れ始める
4	14	7	白波が増える
5	19	10	一面白波/第一段の縮帆
6	25	13	第二段の縮帆/強風注意報
7	31	16	第三段の縮帆/風警報
8	37	19	海上警報(ゲールワーニング)
9	44	24	
10	52	28	暴風警報(ストームワーニング)
11	60	31	
12	64以上	33以上	台風警報(台風の場合)

ゲールワーニングの中を走るレーシングヨット

2004年12月に行われたシドニー～ホバートレースでは、風速は50kt近くまで上がった。海面は一面が真っ白の状態だ(photo by Rolex(Daniel Foster, Calro Borlenghi))

CHAPTER.1- **12**

天気予報の用語

「一時」と「ときどき」……。用語の意味を正しく理解する

気象庁が発表する「予報」「注意報」「警報」などの中身には、実にさまざまな用語が用いられています。このうち海に関する用語で、最低限押さえておきたいものについて調べてみました。しかし、これが意外に難解。普段特別に意識することなく聞いていますが、実に細かな取り決めがあるのです。

紛らわしいのは「一時」と「ときどき」。たとえば「曇り一時雨」とは、雨が連続的に降り、雨が降っている時間が予報期間の4分の1未満となります。したがって、「明日は曇り一時雨」とは、0時から24時までの予報期間内で、連続的に6時間未満雨が続くという意味です。

では「明日は曇り時々雨」とは、どう解釈するのでしょう。これは24時間の予報期間内で、雨が断続的に12時間未満降るという意味です。断続的とは、途中で1時間以上の休止時間があるということ。「一時」と「ときどき」、これらは現象がどの程度続くかの違いであって、大きさの違いを表すものではありません。「一時」より「ときどき」の方が、現象が長く続くのだと覚えておけばよいでしょう。

次に現象の大きさを表す用語としては、大きく分けて「予報」「注意報」「警報」の三つがあります。「予報」とは、現象の大小に関係なく発表される予測情報です。そして、この現象によって災害が起こるおそれがあるような場合に出されるのが「注意報」。さらに、重大な災害が起こるおそれがあるような場合に出されるのが「警報」となっています。

海上の風を例にとると、まず「強風注意報」があります。これは10分間の平均風速がおおむね10m/sを超える場合とされていますが、地方によってその基準値が異なっています。つまり特殊な地形が影響して、普段からやや強めに風が吹いているような場所では、10m/sを基準値とすると、常に注意報が出っぱなしなどということが起こるからです。このような特殊な場所では、12m/s以上だったり、15m/s以上だったりすることがあるので注意が必要です。

「海上風警報」は、風力7から風力8で「海上強風警報」となります。風力8（風速19m/s前後）を英語で「ゲール」と呼ぶことから、海上強風警報は「ゲールワーニング」といいます。さらに風力10（風速28m/s前後）を超えると「暴風警報」、英語では「ストームワーニング」が発令されます。

注意報、警報は災害を伴うおそれありという防災上の観点から、当然ながら民間気象会社ではなく、気象庁が寡占的に発表する情報です。詳しい気象情報の用語集は、気象庁のホームページ(http://www.jma.go.jp/)内にも掲載されています。

警報と注意報

注意報の種類	警報の種類	
大雨	大雨	大雨による災害（洪水、土砂崩れ、崖崩れなど）の発生のおそれがある場合。
洪水	洪水	大雨などにより河川が増水し、河川の増水や氾濫、堤防の損傷などによる災害の発生のおそれがある場合。
大雪	大雪	大雪（の積雪）による災害のおそれがある場合。
強風	暴風	強風による災害の発生のおそれがある場合。おおむね風速12m/s以上で注意報、風速20m/s以上で警報。
風雪	暴風雪	雪を伴う強風による災害の発生のおそれがある場合。おおむね風速20m/s以上で警報。
波浪	波浪	風浪やうねりなど、高波による災害の発生のおそれがある場合。この「高波」は地震による「津波」とは別物。
高潮	高潮	台風や低気圧などによる異常な海面の上昇により、災害の発生のおそれがある場合。
濃霧		濃い霧により、交通障害などの災害の発生のおそれがある場合。
雷		落雷による災害の発生のおそれがある場合。急な強い雨についても、雷注意報で呼びかける。
乾燥		空気の乾燥により、火災などの災害の発生のおそれがある場合。
なだれ		なだれによる災害の発生のおそれがある場合。
着氷		著しい着氷により、通信線や送電線、船体などへの被害が起こるおそれがある場合。
着雪		著しい着雪により、通信線や送電線、船体などへの被害が起こるおそれがある場合。
融雪		雪解け水による災害の発生のおそれがある場合。
霜		早霜や晩霜により、農作物などに被害を与えられる可能性がある場合。
低温		低温により、農作物への被害や水道管の凍結・破裂などの被害を与えられる可能性がある場合。

時間帯の呼び名と1日の予報区分

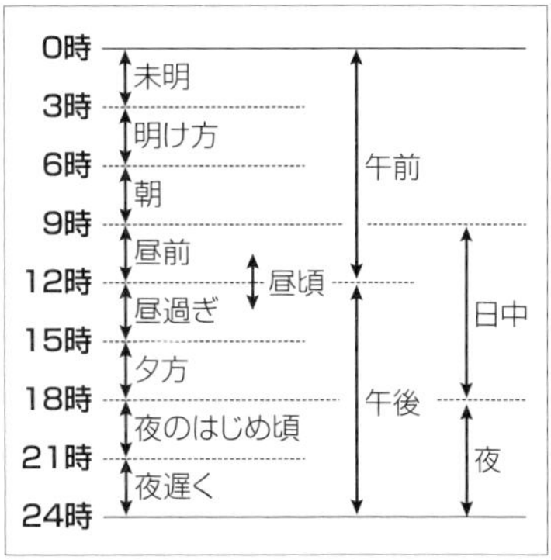

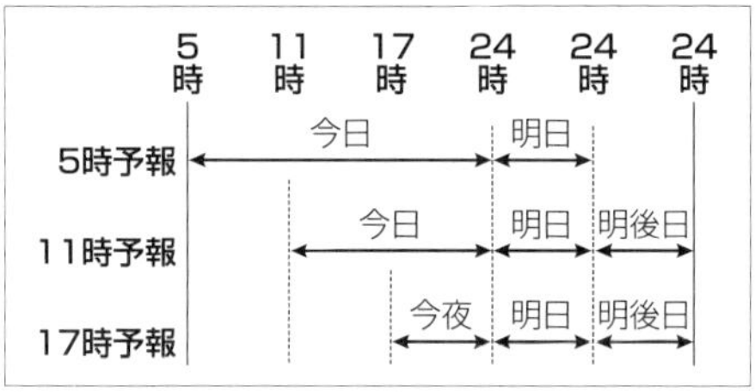

気象庁は1日3回、定時に予報を発表する。2日後の予報が出るのは、11時予報から

テレビの天気予報などで耳にする「明け方から……」「夜遅くにかけて……」といった言葉は、表に示した時間帯を指す

CHAPTER.1- **13**

観天望気のいろいろ

今も通用する天気の諺《ことわざ》は、覚えておいて損はない古人の知恵

時に人の生命を左右する、天の気まぐれ。太古の昔から人々は、空を仰いで行う「観天」と、流れる空気、つまり風の方向を感じることによる「望気」の両者を併せて天気を占ってきました。英語でこの「観天望気」が何にあたるかを調べると「Weather lore」、つまり「天気の言い伝え」という意味だそうです。人々が長年培ってきた経験は、天気の諺として数千年の歴史を経て言い伝えられてきたわけです。

人工衛星とコンピューターを使った天気予報がここまで進化しているのに、今さら諺でもないかもしれません。しかし、仮にまったく気象情報が取れない、あるいは通常の天気予報が簡単には当てはまらない局地的な天候などには、天気予報を補足する意味で諺が貴重な情報源として今でも有効な場合があります。

そもそも観天望気の正確さはおよそ60〜80%と、まんざら捨てたものではありません。とくに雲に関するものは、的中率が高いようです。雲に関する観天望気は、ほとんどが悪天候をもたらす低気圧接近の前兆を表しているので、これは現代でも大いに通用するものが大半です。

天気予報は、観測データが採取された時間から予報が発表されるまでに数時間の差があります。したがって、その間に天気現象が微妙に狂い出すことはよくあります。ところが観天望気は今、まさに目の前の現象です。この時間差が、時に天気予報より観天望気の方が信頼できるという結果につながるのでしょう。

しかし観天望気の中には、ある特定地区でのみ言い伝えられているものも少なくないため、どこでも通用するとは限りません。江戸時代に、あるところに天気を占うのがとても上手な農夫がいたそうです。それを聞き及んだ江戸のお殿様が彼を呼び寄せ、評判を確かめようとしました。ところが、一向に当たる兆しがありません。その訳を農夫に聞いてみたところ、彼が暮らしている村にはたくさんの山があり、彼はその山々にかかる雲の様子を見て翌日の天気を占っていたとのこと。江戸に来てしまったので、いつもの山々が見えず占いができないというのです。とんだ笑い話なのかもしれませんが、こういったものには注意が必要です。

天気の諺は、実にたくさん、それこそ山のようにあります。その中から、筆者の独断と偏見でとくに海で有用なもの、気にしておいた方がよいものを右ページに挙げました。ただし季節的な現象を述べているものもありますので、使い分けが必要です。ちなみに「夕焼けは晴れ。朝焼けは雨」は60%程度の信頼度で、ここではおおよそ70%以上信頼できるものを選んでいます。

筆者が選んだ海で使える観天望気

『笠雲は雨』

低気圧が接近してくる前兆。笠雲とは、南から湿った空気が山に当たってできる雲。

『煙、西にたなびくと雨、東へたなびくと晴れ』

低気圧が接近してくる前兆。東へと煙がたなびく様子は、低気圧が通過したことを意味する。

『雷三日』

夏の雷は上空の寒気で起こる。この寒気が、およそ3日程度は居座ることが多いことを意味している。

『上海の雨は翌日九州、その翌日関東へ』

低気圧がおよそ24時間で進む距離を意味する。

『雲の張りが南西から北東へのびると晴れ、北西から南東へ延びると雨』

低気圧前面の温暖前線は、北西から南東へ延びていることを意味する。

『白雲糸引けば暴風』

上空の強い西風のシンボルである絹雲は、西からの低気圧、あるいは寒気の前兆。ただし夏以外の場合に限る。

『夕虹鎌をとげ』

虹は空気中の水分に太陽の光が反射する現象。夕虹とは、東の空に虹が出ることだから、雲は東へ去った証拠。反対に朝虹は雨となる。

『風無きに雲行き急なるは大風の兆し』

海上で風がないのに上空の雲が早く動いている時は、発達した低気圧が接近している前兆。

『星がしきりに瞬くと遠からず大風』

星の光が揺らいでるということは、大気の動きが乱れていることだと言われ、悪天の前兆。

『島寄せすれば雨が降る(山が近くに見えれば雨)』

空気の層が安定している、つまり今現在天気が良いということは、のちに悪天になるということ。

『羊雲やうろこ雲が出ると翌日雨』

羊雲やうろこ雲は、低気圧の前面に出現する代表的な雲。まばらな状態では雨は降らない。

『沖が高鳴りする時は海荒れあり』

沖でのうねりがよく聞こえるという意味。当たり前の話です……。

『朝霧は晴れ』

朝霧は空気の温度が海面より冷たい時にできる霧。大気が安定しているということ。

『雲の行き違いは暴風雨』

上空の高い所と低い所の雲とが逆方向に流れているような場合を言う。たとえば、上空は東へと雲が流れ、下層は西へと流れるような場合、東進する低気圧が接近してくることを表す。

『春、秋の東風は雨』

春や秋の低気圧は、上空の偏西風に乗って西から東へと進むが、東寄りの風は西からの低気圧に向かって吹き込む風である場合が多いことからこの言い伝えがある。実際は、南東～北東の間で風が吹き、時計回りに風が変わる時、低気圧は北を、反時計回りに変わる時は南を通過する(北半球)。

海の気象屋日記 Vol.1

初めての洋上気象予報

大きな作業用台船に乗って、ひたすら天気図を描いた毎日。筆者にとって初めての洋上気象予報は、大きな経験となった

1973年のオイルショックを機に、1975年には民間石油企業による石油備蓄を義務付ける石油備蓄法が制定されました。そんな中、沖縄県の金武湾沖に浮かぶ平安座島に、石油備蓄基地を建設する計画が持ち上がりました。タンカーを栈橋ではなく洋上(シーバース)に係留し、パイプラインで陸上の備蓄施設まで原油を輸送する方法です。

この工事において、天気予報が必要とされました。パイプラインの設置作業中に高波を受けると、パイプが折れてしまう可能性があったのです。高波高が予想される場合には、作業中のパイプをいったん海中に沈める必要がありました。また、パイプに防錆塗装を施す際にも、天気は重要なファクターです。当時、駆け出しの気象屋だった私にとって、初めての洋上での気象予報がこの工事でした。

現場は作業用台船。そこで、有線や無線で得た中国やロシアを含む北太平洋のほぼ全域の気象データを、新聞見開きサイズの白図に記入し、天気図を描く作業を毎日繰り返していました。データ記入から描画まで約3時間、3年で1,000枚の天気図を描いて一人前といわれた時代です。1,000枚も天気図を描けば、季節ごとの気圧配置の特徴をつかめるようになるというわけです。

1カ月に満たない滞在期間でしたが、その間に台風や低気圧、前線など、さまざまな気象現象に遭遇しました。台風は運良く直撃を免れましたが、波高が3～5mになると、船はゆっくりとした周期でよく揺れました。ブリッジにあるレーダーの映像で前線の通過を発見し、降水時間まで予報したので、塗装屋さんに感謝されたことを思い出します。逃げ場のない場所での初めての気象予報は、気象屋にとって大切な「度胸」を培う意味でも貴重な体験となりました。

CHAPTER 2

第2章

気象の基礎知識

天気予報を理解するために

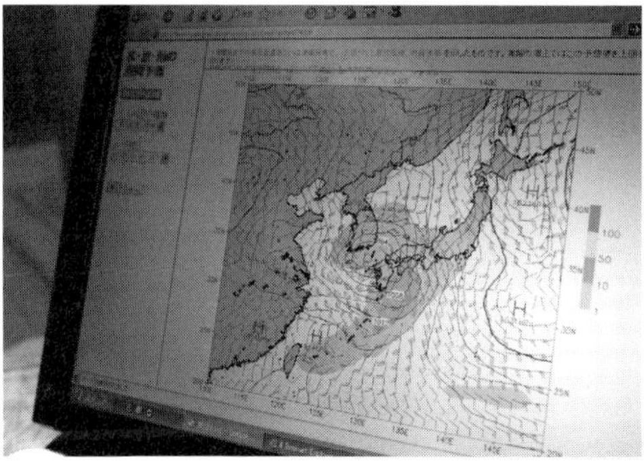

天気予報は大変便利なものですが、専門的な言葉はつい聞き流しているのでは?
でも、気象学を学ぼうというわけではありません。
最低限の用語を理解しておくだけで十分。
気象に関するちょっとした知識があるだけで、
さまざまな気象現象が起きる理由が分かり、より多くの情報が得られるのです。
天気予報を100%活用するために、
ぜひ覚えておきたい基礎知識を紹介します。

CHAPTER.2- 1

太陽の熱エネルギー

天気を構成する三大要素「熱」「空気」「水」。熱は日射との角度が重要

気象現象を理解するためにはどうしても避けて通れない、三つの難問があります。逆にいえば三つの難問を解決してしまうと、およその気象現象はすべて分かるといっても過言ではありません。三つの難問……気象というよりも大気現象のほとんどを支配しているもの、それは地表に降り注ぐ太陽の熱であり、それを地球にまんべんなく運ぼうとする空気であり、その空気に含まれている水蒸気、つまり気体の形で存在する水でです。まさにこの三つの要素の働きさえ理解していただければ、本書はほとんど本懐を遂げたと言えるでしょう。

地球はそれ自身で熱を持っているわけではありません。熱、つまりエネルギーは、すべて太陽からの日射(日光)として受け取っています。ここで重要なことは、日射に対しての角度で、これが直角に近いほどエネルギーを多く受け取ることができます。地上に住む私たちから見ると、夏の暑い時期は太陽が高い位置にあります。これが日射に対して地面が直角に近いということです。

ところが、ご存じのように地球は球体です。太陽から地球まで一直線に進んできた日射に対して、地上すべてが直角に当たるというわけにはいきません。しかも、なぜだか地球が自転する軸は、太陽に対して約23度ほど傾いています。地上のある特定の地域だけを見ても、一年で地球が太陽の周りを一周する間に熱の受け取り方が変わってきます。

これが、日本の四季を作り出しているのです。日本の夏、沖縄の南、北緯23度あたりの地点が日射に対して直角となり、北回帰線と呼ばれています。一方、日本の冬はというと南半球側……もうお分かりですね。南緯23度あたりが日射に対して直角となり、南回帰線と呼ばれています。

このような構造から見ても、北極と南極は一年を通じて太陽からの恩恵を受けるには不利な場所だということが分かると思います。逆に赤道付近は一年を通して日射がほとんど直角に差し込むため、熱帯となっているのです。

時折、太陽との距離が熱と関係するように思う方がいますが、まったくの誤解です。太陽と地球の距離は1億5,000万km。光の速さにして8分以上もかかる距離です。地球上のどこにいたとしても、近い、遠いの差はまったく問題になりません。

太陽から放射されるエネルギー全量のうち、地球に到達するのはわずか20億分の1だそうです。それでも地球が生命の星となっているのに十分な量なのですから、少し考えれば、地球全体で人類が消費するエネルギーなど、太陽からの日射を利用すればどうとでもなりそうな気がします。

地球の公転と自転のメカニズム

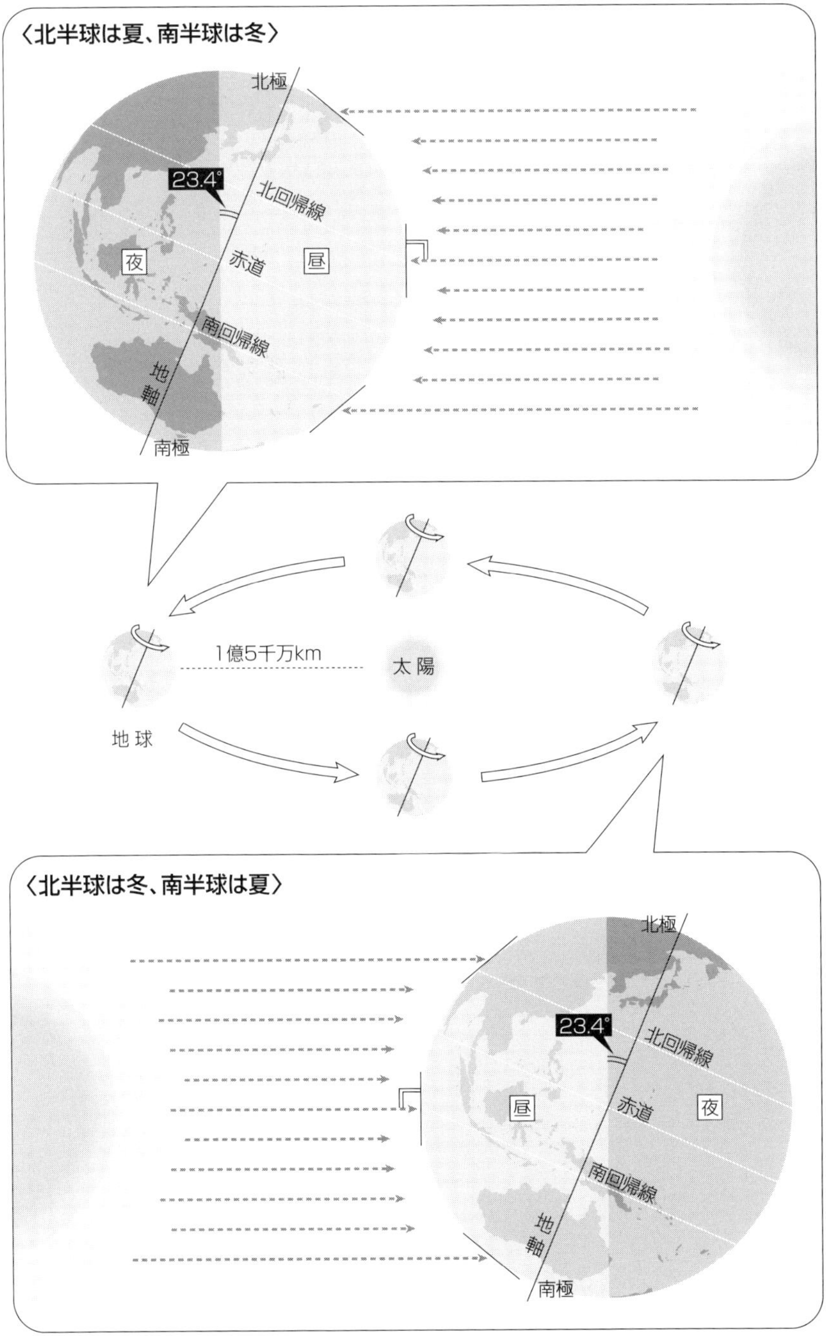

CHAPTER.2- **2**

熱エネルギーの運搬

空気が「熱の運び屋」となって対流を起こし、気象現象の源となる

太陽からの日射を受け取ると、そのエネルギーの約2分の1が地表面に吸収されます。つまり、太陽エネルギーの貯蓄というわけです。

地球の表面の約3分の2は、海が占めています。海は陸地に比べると、同面積比で5倍もの熱を蓄えることが可能です。そしてここで、地球という惑星ならではの要素、空気が太陽エネルギーの約5分の1を引き受けます。空気の中身は、酸素が4分の1、残り4分の3のほとんどが窒素です。昨今、温室効果ガスとして話題になっている二酸化炭素やその他の気体は、全部合わせても全体の100分の1にしかなりません。

また、空気は太陽エネルギーを貯蓄するだけではなく、「熱の運び屋」という非常に重要な役目を担っています。仮にこの地球に空気がなかったらどうなるのでしょうか。太陽から直角に日射が当たる場所では、日中の温度はおよそ80℃になり、逆に夜はマイナス140℃になると言われています。その差なんと220℃ですが、実際には空気があるおかげで、最大でもせいぜい30～40℃の温度差で済んでいるのです。

次に、その仕組みを見ていきましょう。まず、熱、つまりエネルギーは、総じて高い方から低い方へと移動します。冷蔵庫で食品を冷やすと言いますが、実際には温度の低い冷蔵庫が食品から熱を奪っています。逆の言い方をすれば、食品が熱を冷蔵庫にあげたのです。

このように温度差がある物体同士が触れ合うと、必ず熱の交換が起こります。当然、太陽エネルギーで暖められた海面や地面に空気が触れた時にも同様のことが起こります。

暖められた空気は膨らみます。ちょっと学問的に言えば、空気内部の分子が熱エネルギーをもらって活発に運動するということですが、重要なのは中身が変わらずに体積だけが膨らむと、比重が軽くなるということです。周囲より比重が軽くなった空気は自然と浮かび上がり、ここに熱の運び屋としての第一歩、「対流」という気象現象の源が起こります。

では、上昇していく空気はその後どうなるのでしょうか。暖かい空気が天に昇っていき、上空ほど温度が高くなっていくかというと、さにあらず。今度は上昇するにしたがって周囲の気圧が減少するため、さらに空気は膨らんでいきます。ここで、圧力鍋を思い起こしてください。空気は圧力が上がるほど温度も上がりますが、その逆で圧力が下がると(気圧が下がると)温度も下がります。

こうして膨張した空気は、100m上昇するごとに約1℃温度を下げていき、周囲の空気と同じ温度になったところで上昇をやめ、周りの空気の仲間入りをするというわけです。

空気を構成するもの

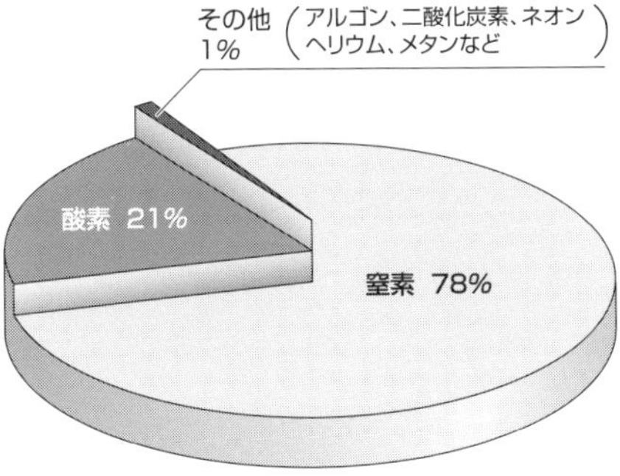

窒素の割合が最も多いが、地球の生物の基である酸素は、植物などの光合成によって作られる。人間にとっては、多くても少なくてもだめだという厄介な存在だ。

自然界と人間界での、熱のやりとりの比較

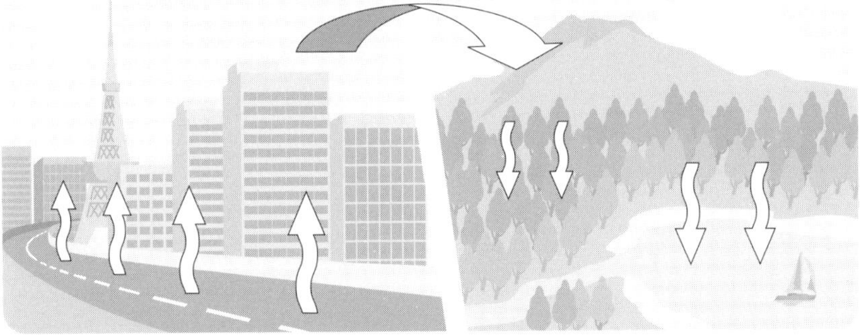

アスファルト、土、あるいは鉄筋コンクリート製の建造物は熱しやすく、対して草木、海水、湖水は熱しにくい。そのため、都市部では周囲より暖まった地表面の空気が上昇し、郊外において冷やされ沈降するという大気の流れが生じる。

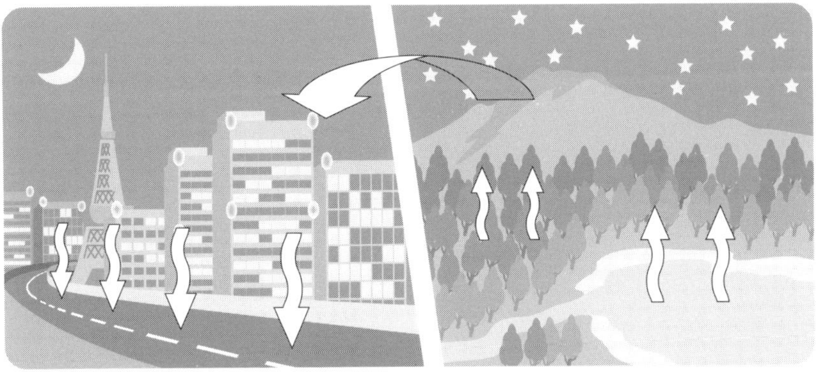

草木、海水、湖水は冷めにくく、対してアスファルト、土、あるいは鉄筋コンクリート製の建造物は冷めやすい。そのため、郊外では周囲より暖まった地表面（水面）の空気が上昇し、都市部において冷やされ沈降するという大気の流れが生じる。

水蒸気という存在

水は、その姿を変える時に、熱を生み、熱を吸収する

暖められた空気の性質、大気の動きというものを考えた時にもう一つ、「水蒸気」の存在とその性質は無視することができません。

水蒸気は大気中に必ずと言っていいほど含まれている気体になった水のことです。一般には「湿度」といった方がなじみ深いかもしれません。ただし、たとえば気温0℃の湿度100%と、気温30℃の湿度100%では、実際に含まれている水の量が違います。前者は後者に対して、6分の1ほどの水しか含んでいません。つまり「大気に含まれる水分の最大値は気温に比例する」ということですが、気象を理解する上で大切なことなので覚えておいてください。

水は、氷という固体、水という液体、水蒸気という気体へと、温度や気圧の変化によって変幻自在に姿を変えます。これが雲や雨、霧などの気象現象につながるのですが、問題はそれだけではありません。水が固体から液体、気体へと変化するときに厄介な副作用を生み、それが周囲の大気に多大な影響を及ぼすのです。

この副作用こそが水蒸気を曲者にしている要因です。気象の勉強を始めると、ほとんどの人がこの辺りで嫌になってしまうかもしれませんし、著者も例外ではありませんでした。

さて厄介な副作用、それはまたしても熱です。水が固体から液体、液体から気体へと変化するときに、周囲から熱を奪います。ちょっとイメージしにくいかもしれませんが、夏の夕方に道路に水をまく「打ち水」を思い起こしてください。地面に撒いた水が蒸発する時に周りから熱を奪うため、気温が下がる現象です。

そしてその逆、水が気体から液体、液体から固体へと変化する時には、周囲に熱を放出します。この副作用、つまり熱の出入りが、湿った空気の性質を、乾燥した空気に比べて気難しいものにしているのです。

空気は上昇するにしたがって、100mごとに温度を約1℃ずつ下げていきますが、これは乾燥した空気でのこと。湿った空気が上昇していくと最初は同じように温度を下げていきますが、同時に湿度100%を超える水蒸気は水へと変化していきます。気体から液体への変化です。

この時、熱を放出することになるので、以後の空気の温度低下は100mごとに0.5℃と、温度の下がり方が鈍くなっていきます。かなりの高さまで達しているのに、依然この空気は暖かく、さらに上昇を続けます。これが雲のできる原因で、上昇を続けるものほど発達した雲になります。とはいっても天井知らずとまではいかず、最も高いものは「積乱雲」。その雲頂高度は12〜15km程度となります。

水の変化と熱の運搬

水は液体だが、固体である氷や、気体である水蒸気へと、周りの空気の温度の変化によって姿を変える。空気の温度が下降すると水は吸熱し、逆に空気の温度が上昇すると放熱する。

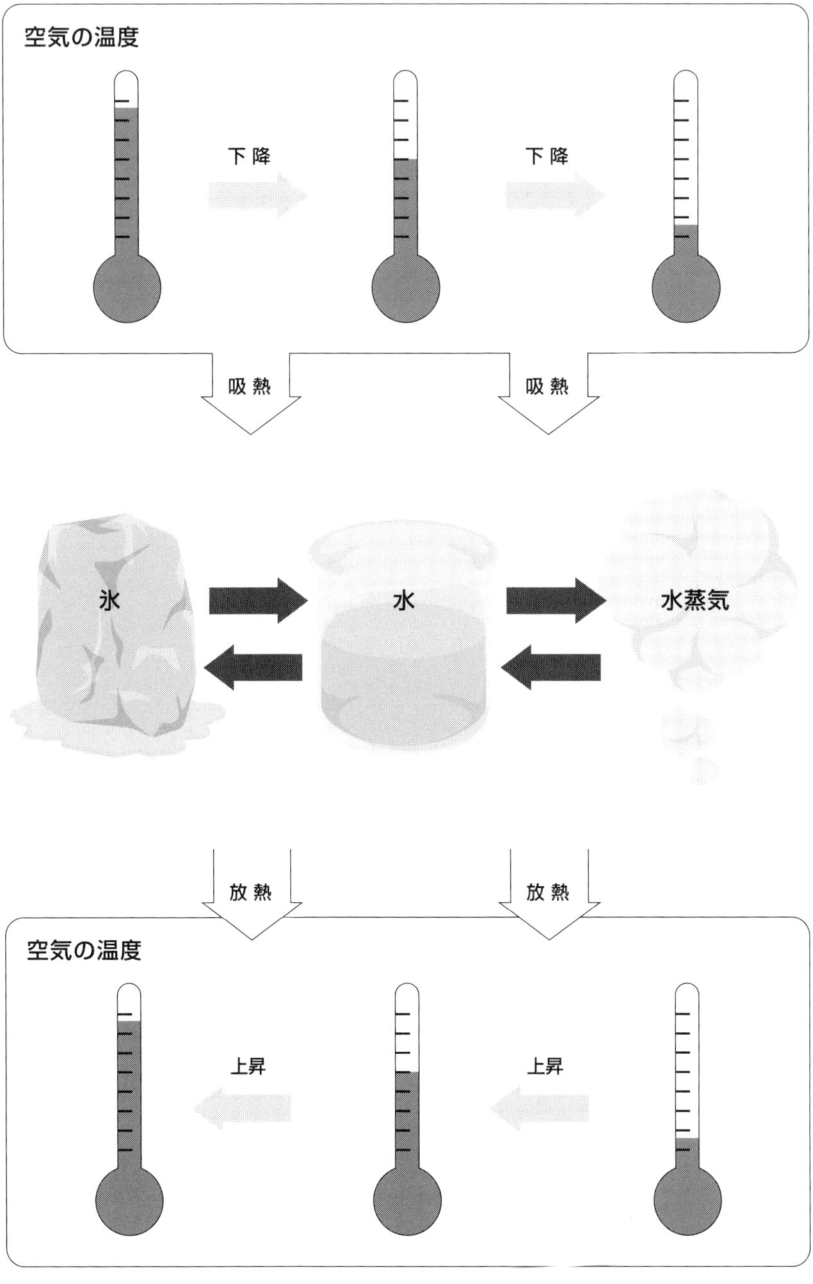

CHAPTER.2- **4**

気象現象の大きさ

気象現象は三次元の渦。大小が一体となり巨大な渦へと発展する

地球という球体の半径は6,000km以上あるのに対して、地球を覆っている大気（対流圏と呼ばれる層）の厚さはわずか10数km。この大気とは、薄皮饅頭の皮のようなものなのです。

ところが、この薄皮である大気は、熱の運び屋として、地球の全環境を支配するに余りあるほどの力を持っています。私たちが日々遭遇するさまざまな気象現象、気温が上がったり下がったり、雨が降ったり風が吹いたりする様子は、ちょうど人々が日々の生活でみせる喜怒哀楽と似ています。気象現象とは、大気が熱を運ぶという仕事をする上で、不可避な立ち振る舞いということなのです。

この大気の立ち振る舞いにはさまざまな種類があります。そして、それらの出発点と終点は、必ずどこかでつながっています。言い換えれば、すべての気象現象は環状の動き、渦を形成していると言えるでしょう。

しかも、渦と言えば上から見て回転するものを連想しますが、気象現象が織りなす渦は、まさに三次元。縦方向にも回転しています。大昔のジェットコースターが急斜面を上り下りしてコースを一周していたのに対して、今のものは途中天地がひっくり返るように回転します。要はあの動きです。大気の動きというものは、すべてこのような運動をしていると言ってよいでしょう。

その渦の大きさは、数秒ごとに現れては消えるものから、地球をエンドレスに回り続ける超大規模なものまで実にさまざまです。小さい渦は大きな渦の一部となり、その大きな渦はもっと大きな渦の一部にというように、一つの巨大な動きを形成していきます。

しかし気象現象を解明していく上で、一つの巨大な動きというのでは都合が悪いため、一度これを広さ、あるいは時間的に、適当な大きさに分解する必要があります。その最も小さい単位が「乱流」です。風のない時でも時折ほほをなでるように感じる、あの風の類です。もう少し大きいものになると「砂埃」。学校のグランドなどで見かける砂塵が舞い上がる現象です。この砂埃の兄貴分が「竜巻」で、大きさは数百m、寿命は数分～数十分。さらに大きいものが「積乱雲」による雷雨や突風で、こうなると大きさは数十km、寿命は数時間にもなります。

台風や前線と呼ばれる気象現象が長男長女で、低気圧や高気圧が両親、偏西風などの地球を取り巻く大きな流れは、さしずめ気象現象の祖父母といったところでしょうか。時にはゲリラ豪雨や突風のように突飛な行動もありますが、全体的には序列がはっきりしていて、かつ一丸となっていることが特徴です。

地球を取り巻く「渦」

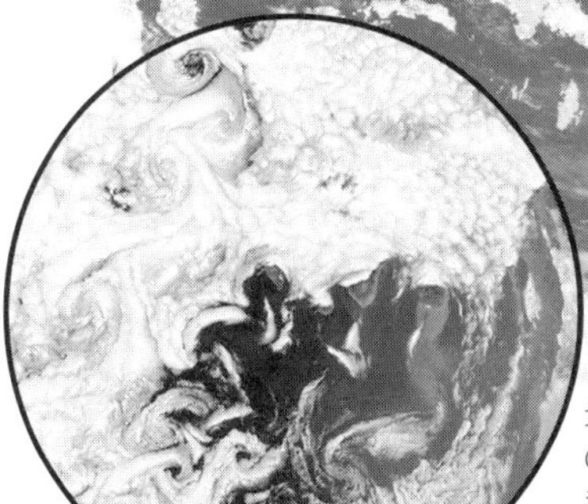

地球の表面を覆う大気には、さまざまな渦が存在している。1個の積乱雲など小さなものも、台風や竜巻のようなスケールの大きなものも、すべてがつながって一つの大きな動きを生み出している（写真提供：国立情報学研究所）

CHAPTER.2- **5**

地球の自転と大気の渦

大気がいつも渦を作るのは、地球が自転しているため

大気の動きを理解しようとするとき、いつも難題として立ちはだかるのは、地球の自転と風向きの関係でしょう。「コリオリの力」うんぬんという、例のアレです。これをもっと分かりやすく理解する方法はないのかと思案を巡らせてみましたが、それでもやっぱり難しい。

まずは地球の自転。ガリレオの時代ならいざ知らず、科学が発達した現代でも、実際に私たちが意識することはあるのでしょうか。

北極点の上空から見て、地球は24時間で反時計回りに一回転していますから、赤道上にいる人が一回転するには時速約1,700km、日本付近では時速約1,200kmという音速に近い速さで動いていることになります。ところが北極点や南極点に立つ人は24時間で体がぐるっと回るだけで、速度としては0。太陽が東から上り西に沈むのを見て、地球は回っているんだなと思ってはみても、万有引力でしっかりと地表面に吸いつけられている私たちが、この猛烈な速度を肌で感じることは決してありません。

地球を包んでいる大気も、人と同じように万有引力で地球に吸い寄せられています。ただし、つかみどころのない気体である大気は、地表面に固着されているわけではありません。そこで今、赤道から北極点に向かって大気が動きだしたとします。時速1,700kmで動いていた大気が、速度0の北極点に向かうということです。

こうなると、大気が北に進むにしたがって地球の自転速度を先回りする形になり、東方向へより長い距離を進むことになります。これは赤道から南極点に向かった場合も同じで、結果的に見かけ上は北半球で右方向へ、南半球では左方向へ流れるような動きをします。逆に北極点、南極点から赤道へ向かう大気の場合は、速度0の状態から時速1,700kmの地点に向かうことになりますから、地球の回転に置いてきぼりを食うかっこうになり、これも見かけ上、北半球では右に、南半球では左に流されるように見えます。

つまり、何かの力が働いて、右や左に大気がねじ曲げられているのではないのです。昔、数学というか算数の授業で、時速○○kmで走る自動車から、時速××kmで走る自動車を見たら時速何kmになりますか？ という問題がありましたが、要はその応用。地球という回転している球体の表面を移動する大気は、この見かけの力によって直線的に移動することができず、みな結果的に渦を作るのです。

あとで詳しく説明しますが、上空から地表面に吹きつける高気圧は、北半球で右回り、南半球では左回りに、地表面から上空に吹き上がる低気圧は高気圧と逆の渦を作ります。

地球を支配するコリオリの力

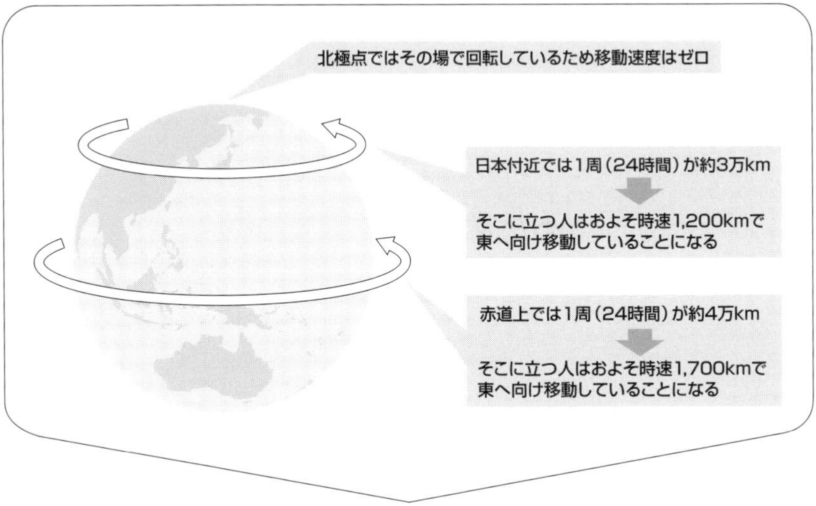
北極点ではその場で回転しているため移動速度はゼロ
日本付近では1周（24時間）が約3万km
そこに立つ人はおよそ時速1,200kmで
東へ向け移動していることになる
赤道上では1周（24時間）が約4万km
そこに立つ人はおよそ時速1,700kmで
東へ向け移動していることになる

いっさいの外力および障害物がなかった場合、本来は直行するはずの風が想定進路に対して右へ（南半球では左へ）逸れていくように見えるのはこの速度差が原因。

『コリオリの力』と呼ばれる

異なる速度で移動する人の間でボールを投げると……

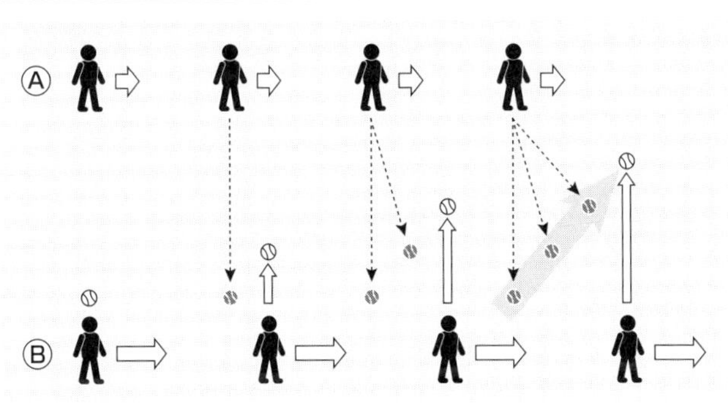
Ⓐ
Ⓑ

時速17kmで移動するⒷから時速12kmで移動するⒶへまっすぐボールを投げても、Ⓐからはボールが自分より前方へそれていくように見える。

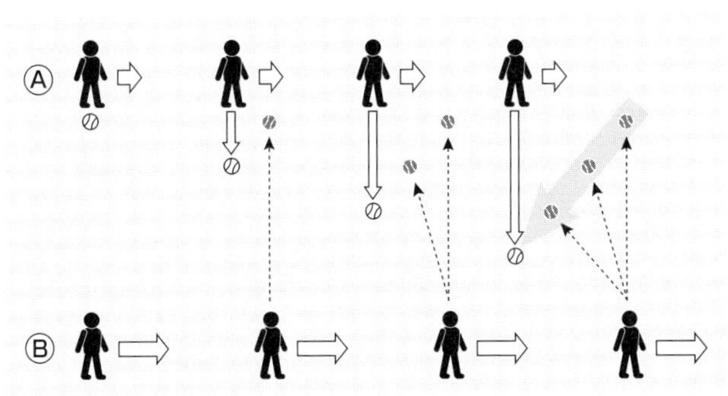
Ⓐ
Ⓑ

時速12kmで移動するⒶから時速17kmで移動するⒷへまっすぐボールを投げても、Ⓑからはボールが自分より後方へそれていくように見える。

CHAPTER.2- **6**

偏西風とその役割

地球の自転でできる偏西風は、蛇行しながら地上に高気圧を作る

昔、友人に「地球は西から東に回っているのに、どうしてそれより速い西風があるの？ 東風なら分かるけど」と聞かれたことがあります。たぶん、自分が動いている時に風は前からしか吹かないという体験を、そのまま地球の大気に当てはめたのでしょう。だとすると、赤道では秒速470mもの東風が吹いていることになりますが、そうならないのは、大気も地球の自転とともに動いているからです（正確には、地表の風と上空の風とでは異なる）。

赤道付近で暖められて上昇した大気は、上空で北と南に分かれ、見かけ上、北へ行くものは右に曲がり、南に行くものは左に曲がります。こうしてできた大気の流れは、北半球でも南半球でも、一年中西から東へと吹き、地球の自転よりさらに前を行く「偏西風」となるのです。この偏西風が最も強いのは上空12kmくらいのところで、「ジェット気流」と呼ばれ、時速400km以上に達することもあります。

赤道付近で暖められた大気は、すべてが偏西風になるわけではありません。地球は丸いので、赤道を境に、南北に行くほど空間が狭くなるため、上空の大気の一部は地表面に向かって下降します。この下降部分を「亜熱帯高気圧」と言い、ここから吹き出す東寄りの風は、帆船時代から特に「貿易風」と呼ばれています。

一方、亜熱帯高気圧の北側は、暖かい西寄りの風が吹き出します。日本の南海上の「亜熱帯高気圧」は、別名「太平洋高気圧」「小笠原高気圧」と呼ばれ、この高気圧が日本付近まで近づいた時、夏となるのです。

偏西風は北極、南極の冷たい大気と赤道付近の暖かい空気の交換作業が主な役割で、真っすぐ東へ流れることはありません。温度、密度、地形などさまざまな相違から、常に「蛇行」しています。また、夏と冬でも、その位置を南または北寄りにと変えます。北半球では、この蛇行が南に下がると冷たい空気が、北に上がると暖かい空気が入り込み、地上に低気圧や高気圧、前線など、私たちが日々遭遇するさまざまな気象現象を作る原因になっています。

このように、赤道から上昇した大気は、直接極には向かわず、上空では偏西風という大きな東向きの流れとなる一方で、地上では途中でワンクッションおいてから、極へと熱を運びます。この途中のワンクッションの場所こそが、日本の南海上で、そのために日本付近の天候が比較的短い間隔でころころと変わるのです。

また、地形で言えば、日本の西から北にある大陸の存在も日本の天候に大きく影響しています。冬の間大陸は冷たく、夏になれば暑くなるため、日本の冬はこの大陸からの冷たい大気にさらされ、夏は逆に南から大陸へと吹き込む蒸し暑い大気の影響を受けます。

地球の自転が生み出す偏西風

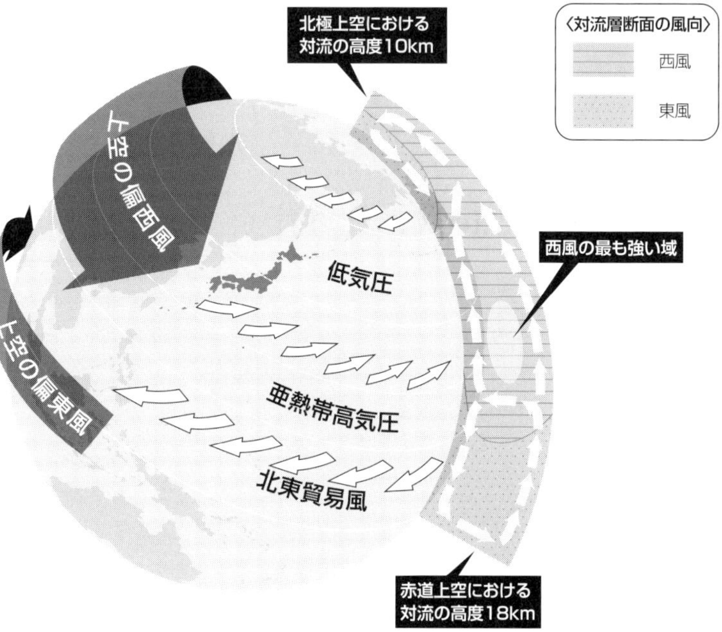

地球の公転が生み出す偏西風の蛇行

【日本の夏の場合】

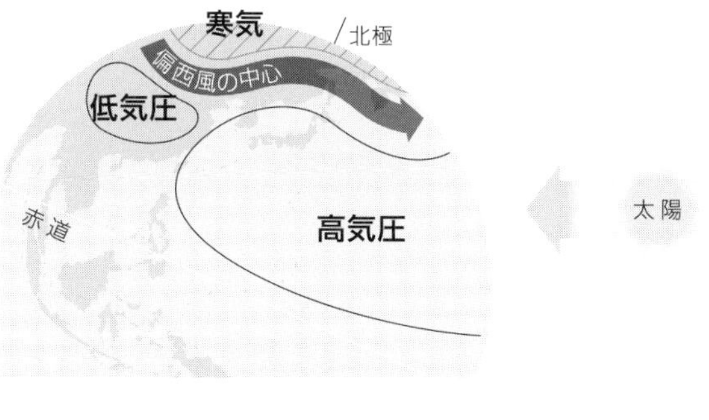

【日本の冬の場合】

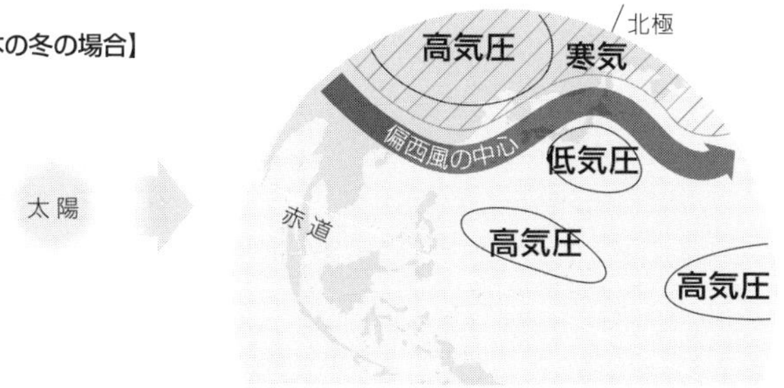

CHAPTER.2- **7**

寒気の流出

注意すべきは上層の寒気。冬でも落雷現象を引き起こす

太陽から熱エネルギーを受けることが極端に少ない場所、つまり北極や南極付近では、冬の間「寒気」と呼ばれる冷たい空気が蓄えられ、時折四方に流れ出します。これを寒気の流出といい、日本もこの寒気にさらされることがたびたびあります。通常寒気の流出は偏西風によってブロックされているのですが、これが赤道方向（南）へ蛇行すると、寒気の流出場所に日本列島が当てはまってしまうというわけです。日本付近に流出した寒気は、上空5,000mで約マイナス30〜40℃。これがよく耳にする「今年一番の寒気が……」などというアレです。

冬の海で最も気をつけなければならないのが、この寒気。冬の間大陸から来る空気の温度は、地表付近ですでに氷点下となっているのに、海面温度は日本海や三陸沖では未だ10〜15℃、黒潮が流れる関東から西の太平洋側では20℃以上もあり、気温と水温の温度差が大きくなっています。こうなると海面に接した空気は暖められて上昇し、入れ替わりに冷たい空気が降りてくる対流現象が活発化します。仮に今、この下降する空気がとても冷たく重い空気であるなら、それは下降などというものではなく、ほとんど落下してくるといった方がぴったりくるでしょう。そして、この現象をもたらすのが上層の寒気なのです。

上層5,000m付近の気温が氷点下30℃であれば、海面水温との差はなんと40〜50℃にもなります。この大気が不安定になる典型的な現象は、冬季、とくに日本海沿岸で頻繁に起こります。北西寄りの強風はもとより、発達した積乱雲が発生して、落雷現象が各地で観測されます。冬季の日本海ではハタハタ漁が最盛期を迎えますが、この魚が別名「雷《かみなり》魚《うお》」と呼ばれるのは、この冬季の落雷現象に由来するものです。

大気が不安定な状態、積乱雲の発生は下層と上層の温度差が要因であって、夏や冬といった季節とは関係ありません。ただし、空気は十分湿っていることが必要条件で、そうでないと雲はできません。太平洋側では冬の間空気が乾燥しているので、（寒冷前線の影響で南寄りの風が進入するなど特別な状況でない限り）雷は発生しません。

ところで、前線の通過とともに北または西寄りの強い風を想定していたら、意外にも風が弱かったということがよくあります。俗に「小《こ》春《はる》日《び》和《より》」という現象ですが、初冬で1〜2日、真冬では半日以下の時間差で、本格的な強風が襲ってきます。さらに冬の海は夏以上に大気が不安定で風速が増速されますから、「予報が外れて上天気」は決して長続きしないと覚えておいてください。

地球全体で見た寒気の動き

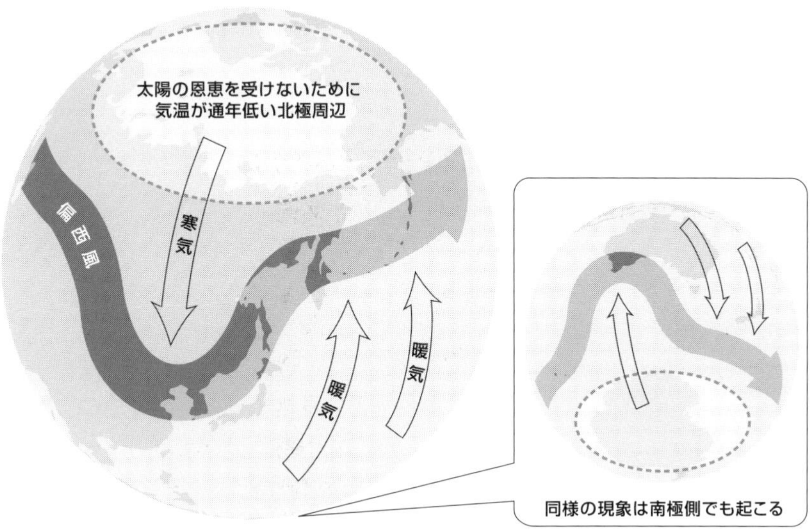

偏西風の蛇行により、寒気が南下する。寒気の勢力が強いと、逆に偏西風を蛇行させることもある

連続してやってくる寒気の流れ

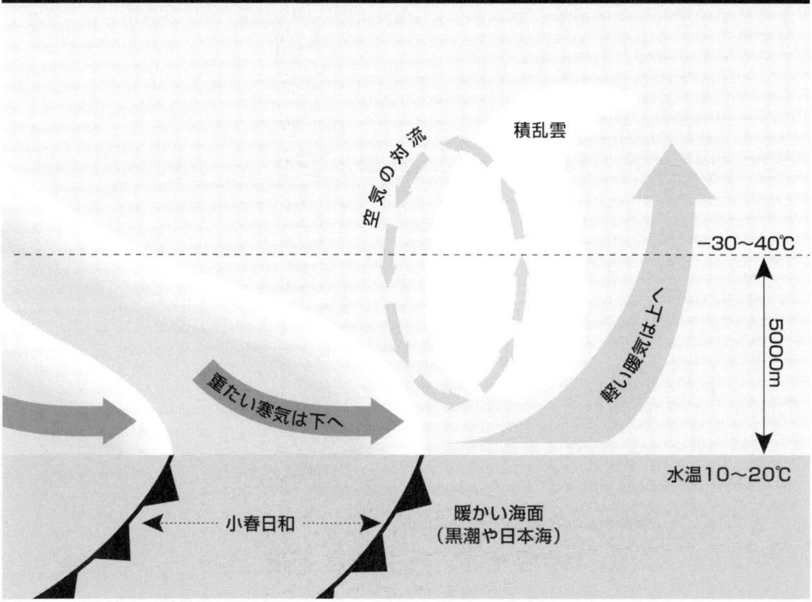

暖かな海面に寒気が降りてくると、激しい対流現象が起こる。これは寒冷前線の特徴だが、実際には本当の寒冷前線（本格的な寒気）は、最初の寒冷前線の次にやってくる

CHAPTER.2- **8**

大気の安定、不安定

暖かい湿った空気が入り込むと、背の高い対流ができて不安定になる

「今日は南から暖かい湿った空気が入り込むため、大気が不安定になり……」などという言葉をよく耳にしますが、ここでのキーワードは「暖かい」と「湿った」の二つ。「暖かい空気が入り込む」とは、相対的に上空は冷たいということになります。よく聞いていると必ず「上空に寒気」うんぬんという言葉が解説に加わっているはずです。つまり「大気不安定」である第一の条件は、「地表付近で暖かく、上空で冷たい」ということ。そして第二の条件は、その暖かい空気が「湿っている」ということです。

上が冷たくて下が暖かいと、当然大気の対流が起こります。暖かい空気は上昇するにしたがい、はじめは100mごとに1℃ずつ温度を下げていくのに、あるところから0.5℃ずつへと温度の下降が鈍くなってきます。この「あるところ」というのが水蒸気の飽和点で、過剰な水蒸気は雲へと変化します。この時、水蒸気は熱を発散するため、結果として空気の温度低下が鈍るというわけです。

この周囲より温度が高いままの空気はさらに上昇を続けると、「積乱雲」が発生します。もちろん積乱雲はどこまでも上昇を続けるわけではありません。地表面から上空まで大気が対流できる上限というものがあり（高度およそ10数km）、積乱雲もそこに達すると、あとは周囲に吹き出すだけとなります。

そして、この高度になると上空に吹く強い風に雲の上端部が吹き流されることになり、これが「かなとこ雲」と呼ばれる雷雲にまで成長します。天井にぶち当たった上昇気流は内部にできた氷を支えることができず、急速にそれらを落下させます。あとは雷と大粒の雨あるいは雹（ひょう）、それに突風が地表面に降りてくる激しい気象現象があるのみです。

近年多発している竜巻もこの時に発生しますが、いずれにしても「大気が不安定」ということは、地表面と上空との温度差が大きく、背の高い対流が起きていることがすべてなのです。

これに対して「大気が安定」しているとは、地表面と上空との温度差が小さい、あるいは空気が乾燥しているということです。乾燥した空気は、上昇しても比較的低いところで周りと同化してしまいます。また「気温の逆転」と言って、上空より地表面の温度が低い場合などは、下の空気が重たいために対流を起こさなくなります。

大気が安定すると良いことばかりのように思えますが、実はこの状態では霧が発生しやすくなるので注意が必要です。暖かい海面上に冷たい空気が乗ったような場合や、逆に暖かい空気が冷たい海面で冷やされたような場合、いずれも海面からの水蒸気が水滴となって背の低い「層雲」と呼ばれる霧雲を作ります。

「乾いた」「湿った」大気が上昇する時の、それぞれの性質による違い

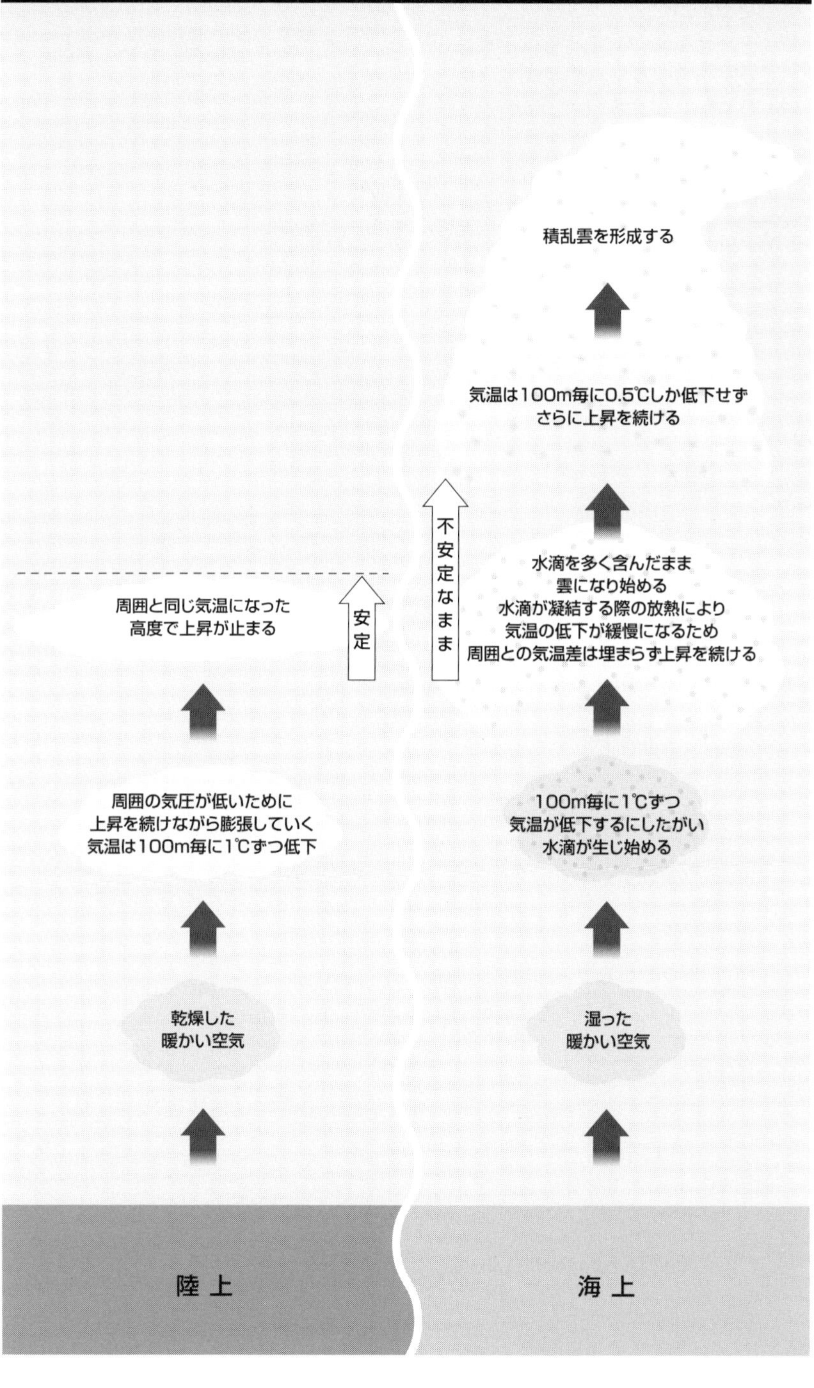

積乱雲を形成する
気温は100m毎に0.5℃しか低下せず
さらに上昇を続ける
不安定なまま
水滴を多く含んだまま
雲になり始める
水滴が凝結する際の放熱により
気温の低下が緩慢になるため
周囲との気温差は埋まらず上昇を続ける
安定
周囲と同じ気温になった
高度で上昇が止まる
周囲の気圧が低いために
上昇を続けながら膨張していく
気温は100m毎に1℃ずつ低下
100m毎に1℃ずつ
気温が低下するにしたがい
水滴が生じ始める
乾燥した
暖かい空気
湿った
暖かい空気
陸上
海上

CHAPTER.2- **9**

温暖前線

大気の境界線——前線。異なる空気がせめぎ合う

「前線が南下して……」とか「前線活動が活発化して……」などという言葉を、よく耳にします。いったい前線とは何なのでしょうか。

地表面と接している大気の最下層部分は、そこが地面か海面かで熱の受け取り方が違うため、性格が異なっています。具体的には暖かい、冷たいの2種類、かつそれぞれに乾いた、湿ったがあるため合計4種類です。

大きく地球規模で見ると、これらは常に性格を同じくしようと動き、混じり合うように努力はしています。ところが人間と同じように仲良くなるまでには紆余曲折があり、しょっちゅう喧嘩もしています。前線とは、まさに性格が異なる大気の境界線、つまり縄張りであり、前線では縄張り争いが絶えないのです。

この抗争の当事者はほとんどの場合、乾いた冷たい空気と湿った暖かい空気で、北半球では前者が北風、後者が南風ということになります。この縄張り、つまり前線は、はじめ東西に伸びて一見平静を保っているかに見えますが、実はお互いに相手の弱点を狙って、いつでも押し出そうと構えています。通常こうした小康状態にある前線を「停滞前線」と呼びますが、梅雨の時期のものをとくに「梅雨前線」と呼び、秋では「秋雨前線」と呼びます。

お互いに小康状態にある時に、上空の寒気や暖気が喧嘩をけしかけると、停滞前線は一気に「温帯低気圧」という抗争の場に発展することになります。この一連の動きは、本来温度差が大きい空気を均一化しようとするものですが、湿った暖かい南風が乾いた冷たい北風を追いかけたり、逆に乾いた冷たい北風が湿った暖かい南風を追いかけて、やがて大気の渦が形作られることになります。

湿った暖かい空気が乾いた冷たい空気の縄張りに迫り出す時は、穏やかな坂を上る感じで上昇していきますが、(後述する寒冷前線に比べて)上る角度が緩やかなために距離は長くなり、通常24時間程度の雨、時には霧が発生します。これが「温暖前線」で、低気圧の進行方向に延びていきます。

温暖前線は天気図上のシンボルが半円で示される通り、どちらかと言うと優しい性格です。ただし、低気圧が進もうとする方向に「停滞する優勢な高気圧」などの障害物があると急に荒々しくなり、長時間にわたって強い風を吹かせます。

低気圧の動向、発達するかしないかを見極める時、その低気圧が西から東へ真っすぐ進むか、北に向かうかが、一つのポイントになります。北に上がる低気圧に素直で優しいものはありません。多くの場合、前方に大きな高気圧があって低気圧の行く手を邪魔しているはずです。

温暖前線の発生の仕組み

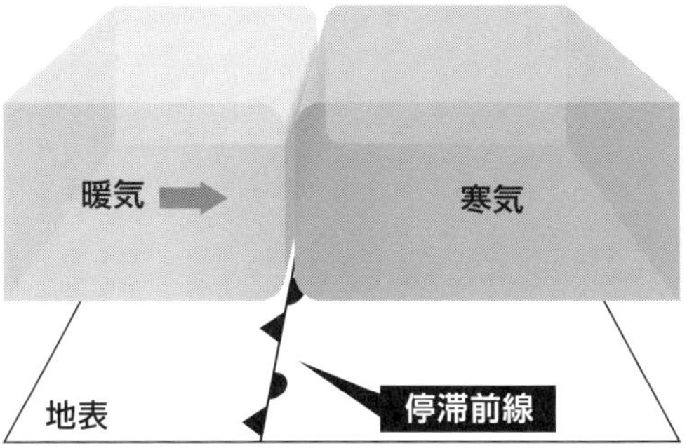

暖気と寒気は、お互いに勢力を保ったままで押し合っている。

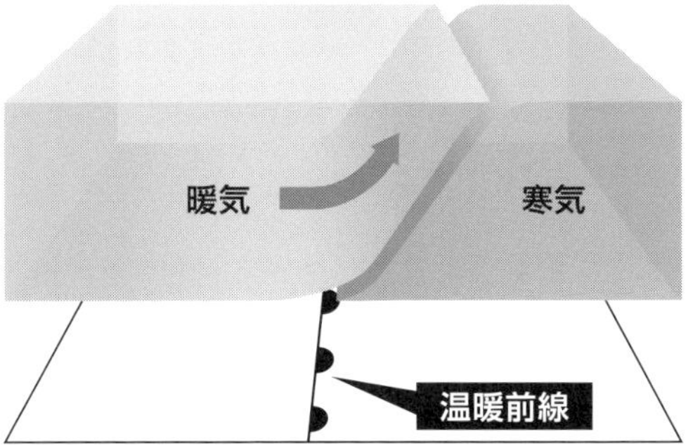

寒気の動きが遅いため、しびれをきらした暖気が寒気の上にはい上がってくる。

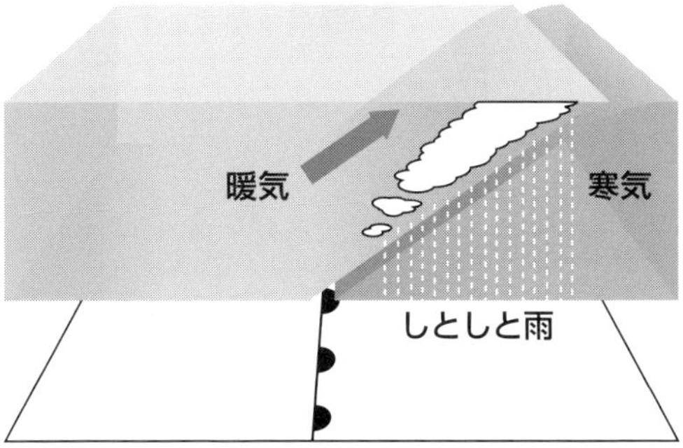

暖気は寒気のさらに上をはい上がり、雨雲を形成する。

寒冷前線

温暖前線より速く進む寒冷前線。最後は追いついて「閉塞前線」に

さて、低気圧の道先案内人として温暖前線ができると、必ずその後方から追いかけてくるのが「寒冷前線」です。これは北からの乾いた冷たい空気の縄張りで、重量級、まさにドスンという感じで上空から降りてきます。

そして目の前にある湿った暖かい空気を強制的に上空に持ち上げます。温暖前線とは違い、寒冷前線によって一気に上空に追いやられた湿った暖かい空気は「積乱雲」、通称「入道雲」を作ります。日本の太平洋側では夏の風物詩のように言われるこの入道雲、寒冷前線上にできる場合には、暖かい空気が最後に見せる怒濤の怒りなのです。

天気図上でのシンボルがトゲトゲしい三角形になっているように、寒冷前線が起こす気象現象は激しいものです。大粒の強いにわか雨や雷、突風などを覚悟しておきましょう。竜巻現象を伴うこともしばしばあります。

ただし、寒冷前線の進む速度や幅は、温暖前線よりも速くて狭いため、激しい気象現象も通常1時間から数時間で終了します。運悪く海上で寒冷前線の通過に出合うことが予想されたら、万全の荒天準備をして通過するのをじっと耐えしのぐ以外にありません。

低気圧の後方からやってくる寒冷前線は、普通一度きりだと思われがちですが、冬から春の場合、大本が北極方面からの強い寒気であり、その量も半端ではありません。次から次へと、低気圧の後ろ側に寒気を送ってくるため、寒冷前線が一本ではないことも珍しくはないのです。1時間程度荒れに荒れた天候が、最初の寒冷前線の通過とともに一転して穏やかなものに戻っても、そのあとに本格的な寒気の来襲が控えていることもあります。

前線は異なる空気の境目と言いましたが、連続して寒冷前線が襲ってくる場合、さわりの部分と本体、どちらも冷たい空気であるため区別がつきにくいのですが、ヨーロッパやアメリカの天気図を見ると、低気圧の後方に2本、3本と寒冷前線が描かれていることも稀ではありません。

低気圧より、そして低気圧の前方を移動する温暖前線より速く進んだ寒冷前線は、やがて温暖前線に追いついてしまいます。こうしてできた前線のことを「閉塞前線」と呼びますが、要は暖かい空気と冷たい空気の手打ち、いや、結局のところ冷たい空気が暖かい空気を完全に飲み込んで幕が降りることになります。熱は常に高いほうから低いほうへ移りますから、冷たい空気が暖かい空気から熱を奪い去った時点で勝負あったということなのでしょうか。しかし、暖かい空気にしてみれば、恵んであげたのかもしれません。こうして荒れた天候も一段落ということになります。

寒冷前線の発生の仕組み

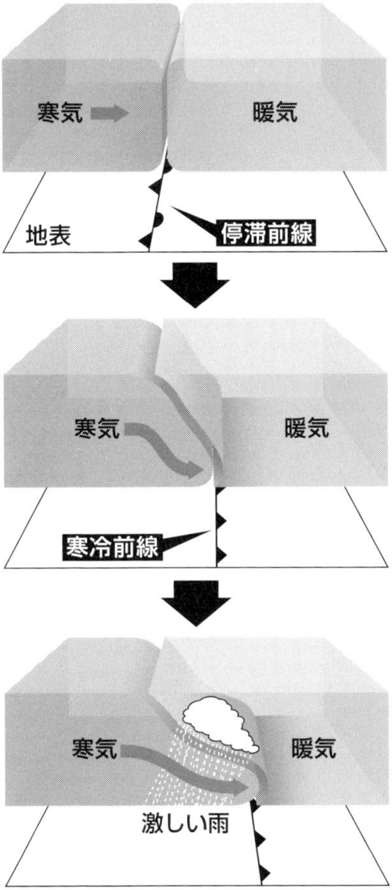

寒気と暖気は、お互いに勢力を保ったままで押し合っている。

重たい空気が暖気の下にもぐり込みはじめ、両者の境目で寒冷前線が成長。

寒気はさらにもぐり込み。激しい対流が起こる。

前線を伴う温帯低気圧の変化

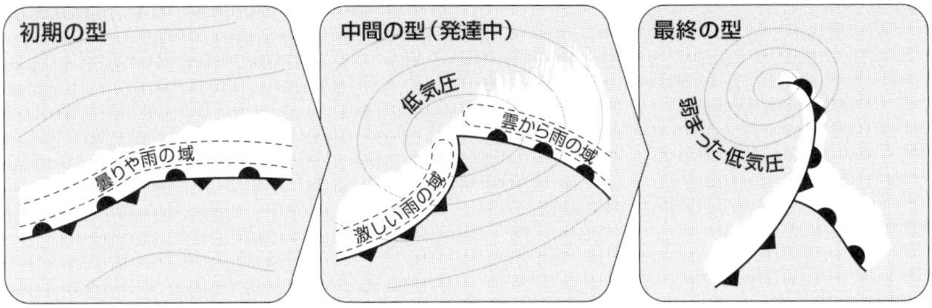

前線を伴う温帯低気圧の変化の様子を、左から時間の経過ごとに示した。当初停滞前線として広がっていたものは、温帯低気圧の発生、発達とともに、中心から寒冷前線と温暖前線が延びるようなかっこうになる。寒冷前線の方が温暖前線より進む速度が速いため、最後は追いついて閉塞前線となる。温帯低気圧の勢力も弱まる。

低気圧と高気圧

熱帯低気圧と温帯低気圧、背の高い高気圧と背の低い高気圧

「低気圧」って何？「高気圧」って何？ そんな質問をされたら、低気圧は「周囲より気圧が低く、かつ中心を持つ大気の渦」、高気圧は「周囲より気圧が高く、かつ中心を持つ大気の渦」と言うのはどうでしょう。渦の巻く向きは、北半球の場合、低気圧が反時計回りで高気圧が時計回り、南半球の場合はそれぞれが逆になります。

低気圧には二つの種類があります。その一つが赤道近辺の北か南で生まれる「熱帯低気圧」であり、もう一つが日本やオーストラリアなどが位置する中緯度で生まれる「温帯低気圧」です。熱帯低気圧のエネルギー源は、水蒸気が水になる時に発散する熱エネルギーであるのに対して、温帯低気圧のそれは暖かい空気と冷たい空気の温度差ですから、常に暖かい空気と冷たい空気の境界線である温暖前線と寒冷前線を従えています。一方、熱帯低気圧に前線はなく、水蒸気の塊である積乱雲を周囲にはべらせています。

高気圧も、低気圧と同じように、その発生場所によって性格が違い、「背の高い高気圧」と「背の低い高気圧」に二分されます。高気圧は上空から降りてくる大気、つまり「下降気流」が特徴です。高い上空からの下降気流でできているのが背の高い高気圧で、貿易風の項目で話した「亜熱帯高気圧」や、春や秋に西から東に進む「移動性高気圧」がこれにあたります。上空から降りてくる間に空気の圧力で、熱を持つため、暖かいか暑いのが特徴です。一方、背の低い高気圧は、冬にシベリア大陸で発生するものが代表的で、大本が陸地で冷やされた重い空気であるため、わざわざ高い上空から空気を呼び込む必要がありません。

さらにもう一つ、北海道の北にあるオホーツク海で発生するものに「オホーツク海高気圧」というのがありますが、これは二つの中間的な存在と言えます。6月の梅雨どきに現れるのが特徴で、上空からの下降気流でできているのに、海水温度が10℃にもならないオホーツク海で冷やされて、日本付近に冷たい北東寄りの風を吹かせるのが特徴です。

ところで、低気圧は周囲から風を集めてそれを上空に吹き出すという特徴を持っています。一方、高気圧はその逆で、上空で風を集めてそれを地表面に吹き出します。つまり、低気圧と高気圧は、お互いが常に上下にある、あるいは隣り合わせで存在して、初めて成立するものなのです。

もし二つの低気圧が並んでいる場合でも、その間には「気圧の尾根」とよばれる気圧の高い場所があるはずです。逆に二つの高気圧の間には「気圧の谷」と呼ばれる気圧の低い場所が必ずあります。

高気圧と低気圧との相互関係

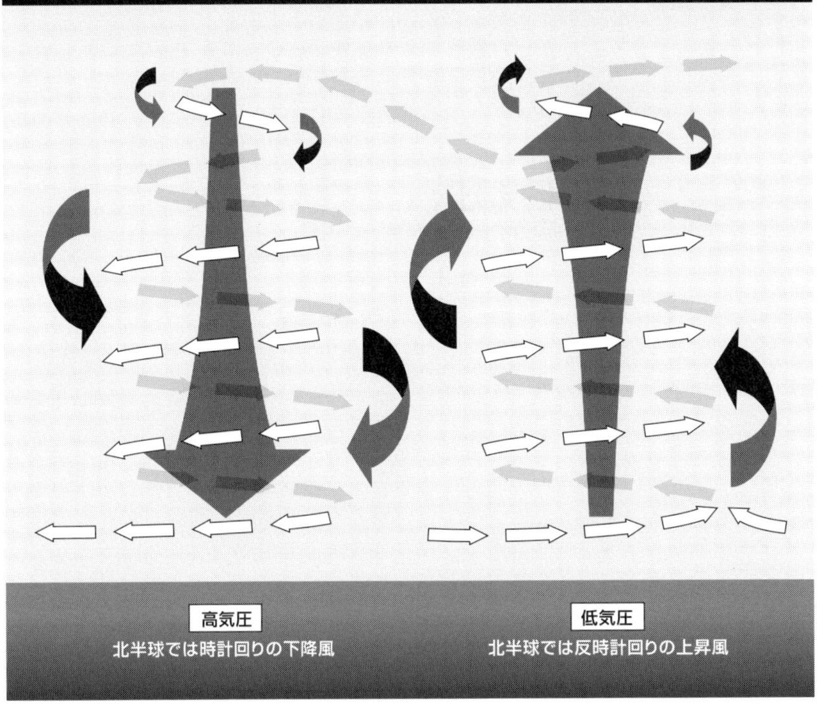

高気圧と低気圧は常に隣り合わせで存在し、両者の間で熱の交換を行っている。北半球では、高気圧は時計回りの下降風、低気圧は反時計回りの上昇風となる。

背の高い高気圧と背の低い高気圧

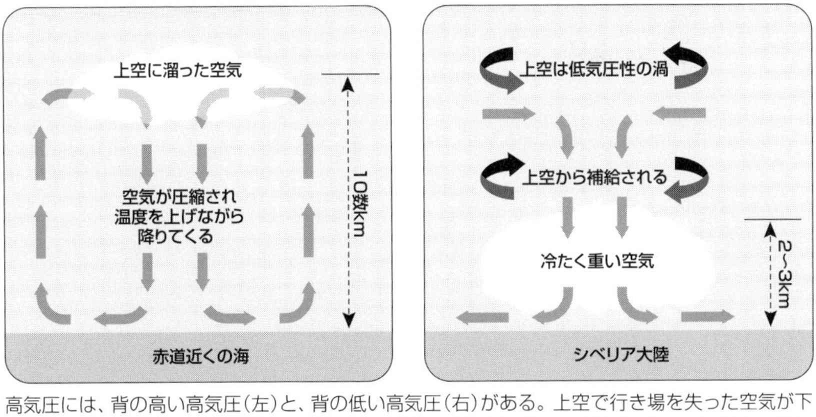

高気圧には、背の高い高気圧(左)と、背の低い高気圧(右)がある。上空で行き場を失った空気が下へ降りてくるのが、背の高い高気圧。地表(海面、地面)が高温であるのが特徴だ。一方、地表が冷たいために、重たくなった空気が作られたのが、背の低い高気圧。上空に「寒冷渦」と呼ばれる低気圧があること、地表が低温であることが特徴だ。

CHAPTER.2- **12**

熱帯低気圧と台風

赤道で生まれて熱帯低気圧から台風に変身。高気圧に導かれて日本へ到来

北大平洋西部の「台風」、北大西洋と北大平洋東部の「ハリケーン」、南大平洋とインド洋の「サイクロン」など、発生する海域によって名称が異なるものの、これらはすべて熱帯域で発生する低気圧であることから、「熱帯低気圧」あるいは「熱帯擾乱《じょうらん》」と呼ばれ、水蒸気をエネルギー源とする低気圧であることが特徴です。これに対して、通常日本付近を通過する低気圧は「温帯低気圧」と呼ばれ、寒気と暖気がぶつかり合う前線上に発生します。

海水温度が26～27℃以上もある赤道を挟んだ海域で、海水の蒸発はとくに盛んになります。しかしこの時点では、まだ渦を巻く低気圧にはなりません。赤道近辺の低い緯度では、地球の自転が風の流れに影響することはないのです。

赤道から少し離れた海域、ちょうど北東貿易風と南東貿易風がぶつかる辺りで、風が渦を巻きはじめます。熱帯低気圧は猛烈な上昇気流を伴っていますが、そのまま大気圏外まで行けるわけではありません。熱帯低気圧にも天井があり、そこで上昇気流は外に向かって吹き出します。つまり猛烈な上昇気流のてっぺんには、必然的に高気圧性の地表とは逆の渦ができるというわけです。これらの条件が整った時、それまでただの積乱雲だったものが、はじめて熱帯低気圧へ、さらには台風へと変わるのです。

海水温度を考慮すると、熱帯低気圧は北緯10～20度と南緯10～20度の海域で最も多く発生します。熱帯低気圧というローギアから台風というトップギアへの境界値は、中心付近の最大風速が34kt（17.2m/s）です。ただしこれは単なる定義であって、海上で注意すべきことは中心付近の最大風速よりも、風速が15m/s以上になる強風域の大きさです。なぜなら、風速15m/s以上の範囲が大きければ大きいほど、海上では時化が長く続くからです。まだ台風になっていないから大丈夫などとは、夢にも思わないほうがよいでしょう。

台風の進路上の海水温が高ければ高いほど、この巨大低気圧は発達したまま、あるいはさらに発達して進むことになります。発生当初西に向かうことが多いのは、東風に流されるからですが、その後の進路は北側にある亜熱帯高気圧に大きく左右されます。台風は当然夏に多く発生しますが、実は一年中発生していて、夏から秋にかけて日本付近に近づくかどうかは、日本の南にある亜熱帯高気圧次第です。亜熱帯高気圧の西側では南寄りの風が吹いていて、台風はこの南風に乗って北上するのです。台風の進路予想は、台風の北側にあるこの亜熱帯高気圧の動きをどう予想するかが、ポイントだと言えるでしょう。

台風の構造

【地表付近の風向き】

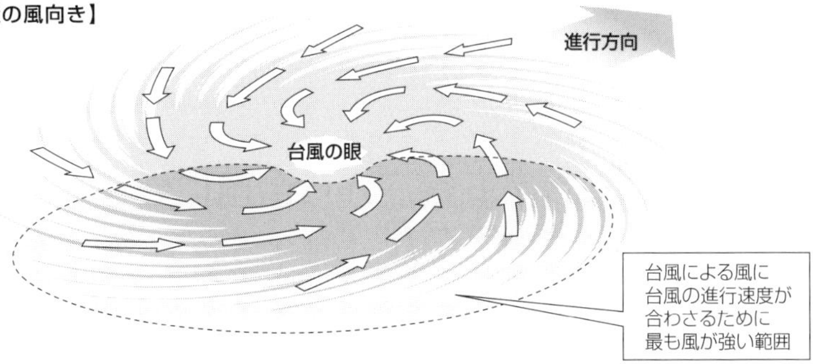

【台風の断面図】

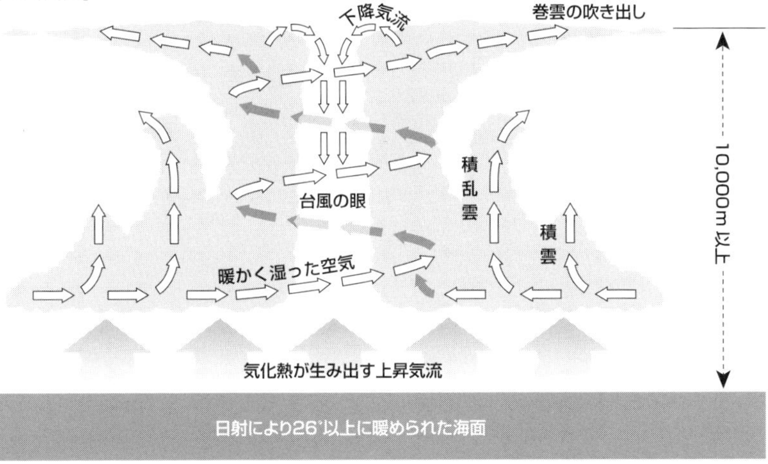

衛星写真で見る台風の渦

気象衛星がとらえた台風の雲画像。台風が海でしか発生しないのは、そのエネルギー源が水蒸気だからだ(写真提供:国立情報学研究所)

CHAPTER.2- **13**

風

すべての風は熱の不均衡から。三次元にも渦を巻き、複雑な動きに

年に数回、ヨットの競技者や指導者を対象とした講習会に講師として招かれる機会があります。そこでいつも難しいと感じるのが、実は風の説明です。風は寿命によって数週間から数日間のもの、1日程度のもの、そして数秒から数分のものの三つに大別されます。外洋を走るヨットのレースは比較的大きなスケールの風が問題となりますが、ディンギーと呼ばれる1〜2人乗りの小型艇のレースでは、乱流域をどう走るかが重要となります。

太陽は直接空気を暖めるのではなく、まず地表面を暖めます。熱しやすく冷めやすい土やコンクリートなど、まず熱容量の小さいものから熱くなりますが、同時に接している空気も暖められます。さっそくここに空気の温度差が生じるというわけです。

暖められた地表面に接している空気は、膨張して周囲より軽くなって上昇していきます。ある高度まで達すると、今度は冷えて下降をはじめます。これが「対流」という現象で、その典型例が日中は海から、夜間は陸から吹く、「海陸風」です。地球上のいたるところでこの対流が起こり、大気中に大きな温度差を生じさせないように働いているのです。

次に、風はどう進むのか。結論から言うと、すべての風、つまり空気の動きは渦なのです。地球を西から東に流れる偏西風も渦ですし、低気圧や高気圧、もちろん台風も然りです。

衛星写真で見ると、これらの渦は平面的ですが、実は地表面と上空の間にも渦があって、この立体構造が気象現象をさらに複雑にしています。低気圧は上昇気流で、高気圧は下降気流。ここで一つの立体的な渦ができます。海陸風もそうですし、これが海面や地面に接したときの摩擦でも、同様に渦ができます。

低気圧や高気圧の配置など、大きな場の風が吹いているとしましょう。「一般流」と呼びますが、これに乗って大小の対流や摩擦による渦が風上から風下へ流れていきます。渦の部分の風向と一般流の風向が同じならば風速は強くなり、逆であれば風は弱まります。これが「風の息」です。また、海面などに接して摩擦を受けた風は北半球で左向きに変わりますが、そこに上空から摩擦の影響の少ない風が渦となって降りてくると、見かけ上は右に振れるような風向になります。これが「風の振れ」です。

一般的に晴天の日は対流が活発になり、風の変動が大きくなります。とくに陸から吹き出す風の方が温度差は大きく、地形などの影響でも変動は大きくなります。一方、曇りや雨の日は地表面と上空との温度差が小さく、対流も緩やかになって風も安定します。ただし風速が増してくる場合、低気圧や前線が接近する前触れですから、別の意味で注意が必要です。

渦の発生と風の蛇行

①一見同じ速さで流れる理想的な風
②ところが現実は、それぞれ速さが違う
③遅い風は取り残されはじめる
④遅い風は外側に渦を巻きはじめ、速い風もそれに合わせて蛇行をはじめる

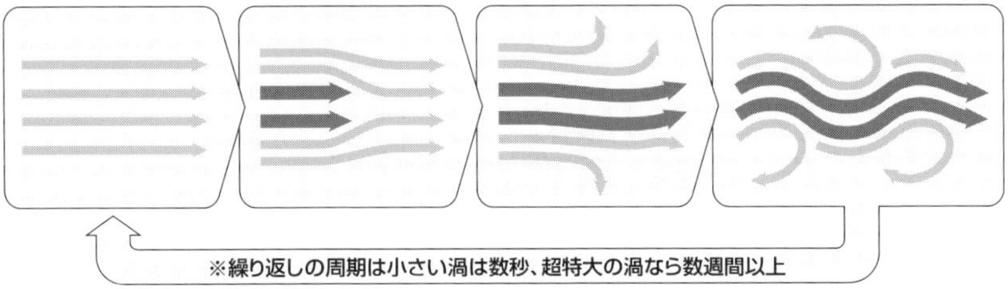

煙突の煙で見る大気の安定度

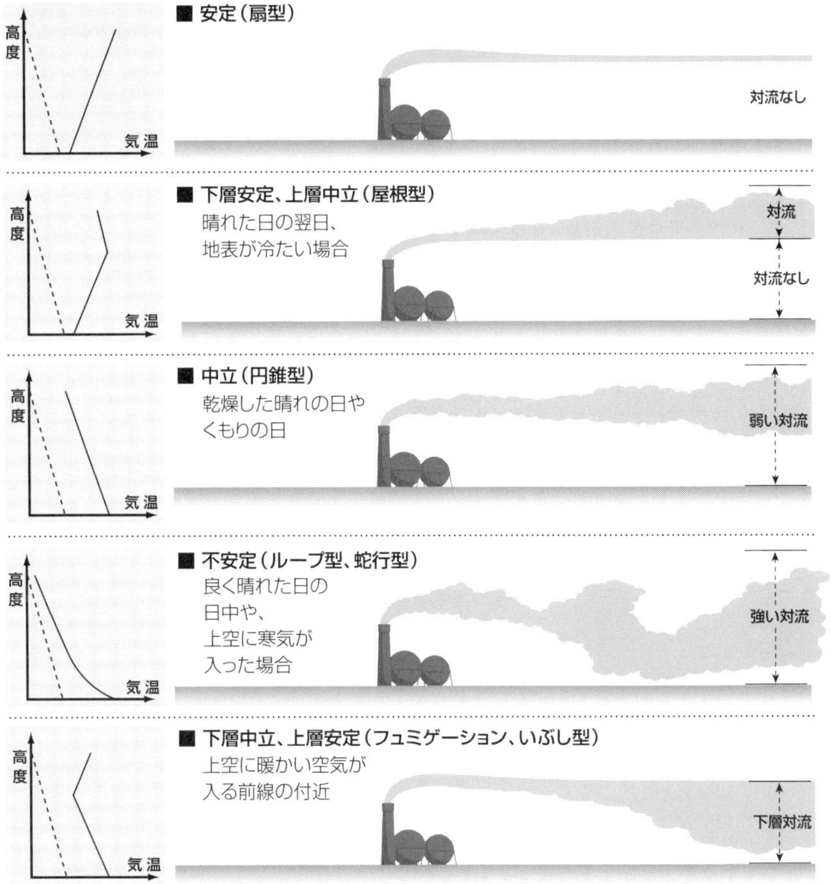

煙がたなびく様子で、地表から上空までの気温の分布が、どう変化しているかが分かる(左のグラフの点線は標準的な気温の変化、実線は煙の型に対応した実際の気温の変化)

CHAPTER.2- **14**

雲

空気が上昇すると雲が生まれる。湿った空気ほど雲ができやすい

ほとんどのお天気番組で登場する衛星写真は、日本で打ち上げられた気象衛星「ひまわり」からのもの。ひまわりは、東京のほぼ真南の赤道上、高度約3万6,000kmにある「静止衛星」です。静止衛星は地上から見ると一点で静止しているように見えますが、実は地球の自転速度に合わせて周回しています。逆に、北極と南極の縦方向の上空を周回している衛星は静止衛星に対して「極軌道衛星」と呼ばれています。

衛星写真があれば、地球表面に点在する雲や台風や大型の低気圧が渦を巻いている様子がよく分かります。地球規模で雲の分布を見るには、やはり衛星写真が一番で、人工衛星の利用が可能になってから、天気予報の的中率は飛躍的に上がりました。

ところで、天気予報でいう「晴れ」と「曇り」の定義とは何なのでしょうか。この区別をつけているのが「雲量」という値です。

雲の量は、実は人間が目で見て決めています。観測者が見渡せる空を10として、その中にどのくらいの割合で雲があるかを測っているのです。曇りは雲量が9以上、つまり全体の9割が雲で覆われているということで、8割以下の場合は晴れ……晴れの定義とは意外と甘いものなのです。

快晴は雲量1.5以下。小数点があるのは不思議な気がしますが、まあ全天雲なしというのはそうそう出現することはないようで、空を見渡すとどこかには雲が残っている場合がほとんどのようです。

年間を通じて快晴の最も多いのは埼玉県で約20%、最も少ないのは沖縄で約2%だそうです。本州では快晴の多い冬でも、沖縄の場合は大陸から吹き出す北東寄りの風と暖かな海の影響で常に雲ができやすいのでしょう。夏は夏で南から湿気の多い空気が入り込むので、大気が不安定となります。

雲のでき方はいたって単純。空気が上昇する過程で、その中の水蒸気が水滴、上空の温度次第で氷になったものを雲と呼ぶわけです。

問題はどんな時に空気は上昇するか。一つ目は、地表あるいは海面のある部分が周囲より暖かくなった時に、そこに接している空気も暖められて上昇する場合。二つ目は、空気の流れが山などの障害物に当たって上昇させられる場合。三つ目は、周囲から空気が集まることで上昇する場合(低気圧)。四つ目は、冷たい空気が地表に流れ込み、それまでそこにあった空気を上昇させる場合(寒冷前線)。最後の五つ目は、暖かな空気が冷たい空気の上を昇っていく場合(温暖前線)。以上五つが空気の上昇する原因です。こうして上昇した空気がどこかの高さで雲を作りますが、湿った空気ほど雲ができやすいのは言うまでもありません。

雲が発生するまで

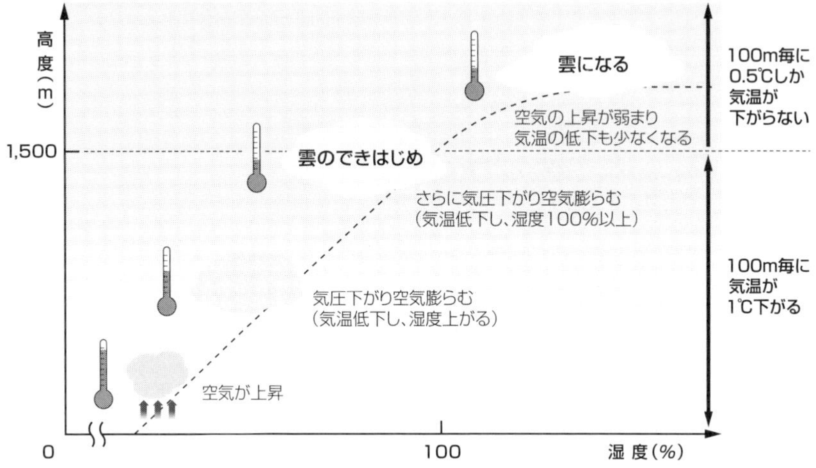
高度(m)
1,500
0
100
湿度(%)
雲になる
雲のできはじめ
空気の上昇が弱まり
気温の低下も少なくなる
さらに気圧下がり空気膨らむ
(気温低下し、湿度100%以上)
気圧下がり空気膨らむ
(気温低下し、湿度上がる)
空気が上昇
100m毎に
0.5℃しか
気温が
下がらない
100m毎に
気温が
1℃下がる

雲が発生する五つの理由(型)

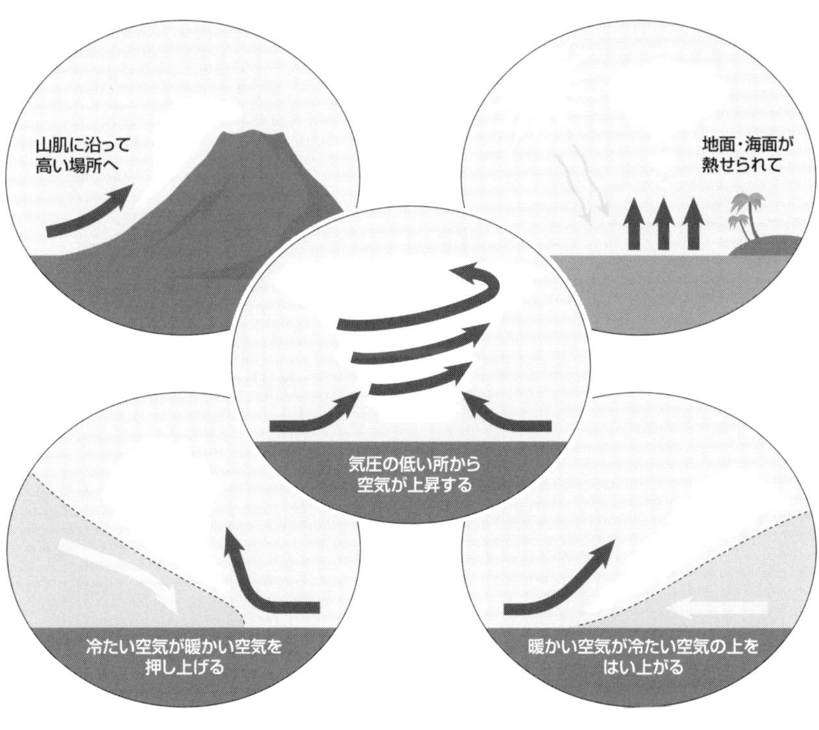
山肌に沿って
高い場所へ
地面・海面が
熱せられて
気圧の低い所から
空気が上昇する
冷たい空気が暖かい空気を
押し上げる
暖かい空気が冷たい空気の上を
はい上がる

CHAPTER.2- 15

雨と雪

日本海側の雪は「高気圧による積乱雲」が、太平洋側の雪は「低気圧による乱層雲」が生む

そもそも、雨も雪も雲がないと降ることはありません。雲に溜まった水滴や氷が地上に落下するとき、地上が暖かければ雨、寒ければ雪になるという簡単な仕組みです。

では、雨になるか雪になるかの温度の境目とは、どのくらいなのでしょうか。さまざまな条件がありますが、おおむね地上の気温が2～6℃くらいが平均的な境界となります。また、上空1,500m付近の気温や、地上の湿度も関係します。上空の気温が低ければ、地表の温度が高くても雪になりますし、地表の湿度が低い場合も雪が降るには好条件です。

ところで、日本海側と太平洋側では、雪の降る気圧配置がまったく違っています。日本海側での降雪が西高東低の冬型気圧配置を原因としているのに対して、太平洋側の場合、低気圧の通過によるのが特徴です。つまり日本海側と太平洋側では、雪を降らせる雲の種類が違うということになります。

日本海側の雪は、大陸の乾燥した冷たい空気が、日本海という暖かい海面に触れ、熱と水蒸気を大量に与えられた積乱雲が降らせています。西高東低の冬型の気圧配置が続いている間は、この積乱雲が絶え間なく発生し、時には1週間も雪を降らせ続けます。積乱雲からの降雪は量が多く、時間10cm以上積もることも珍しくはありません。ただし、本州の中央部に山脈が横たわっていますので、関ヶ原のような風が吹き抜ける一部の地域を除いては、この雪が太平洋側まで来ることはあまりありません。

一方、太平洋側での雪はどうかというと、太平洋沿岸を通過する低気圧によるものがすべてで、雨が降る仕組みと何ら変わりません。太平洋側で雪を降らせる雲は層状で高度が低い乱層雲です。東京の都心で積雪10cmともなると大騒ぎですが、降水量に換算するとおよそ10分の1、10mm程度で、日本海の雪に比べると大した量ではありません。

では、太平洋側を通過する冬の低気圧がいつでも雪を降らせるかというと、これがなかなか一筋縄ではいきません。低気圧の進路が本州南岸すれすれだと雨になることが多く、本州から幾分離れて、なおかつ発達しながら南岸に近づくときに雪となることが多いようです。関東地方の場合、低気圧が大島の北を通れば雨、大島と八丈島の間を通過すれば雪になるケースが多くなると言われています。

夏の積乱雲によるスコールも、もともとは高度1万m以上の上空にある氷です。熱帯地方のスコールも、地上に降りる間に氷が解けただけでとても冷たい雨ですから、間違っても温水シャワーなどと考えてはいけません。解ける前に落ちてくれば雹《ひょう》になります。

日本海側に雪が降る典型的なパターン

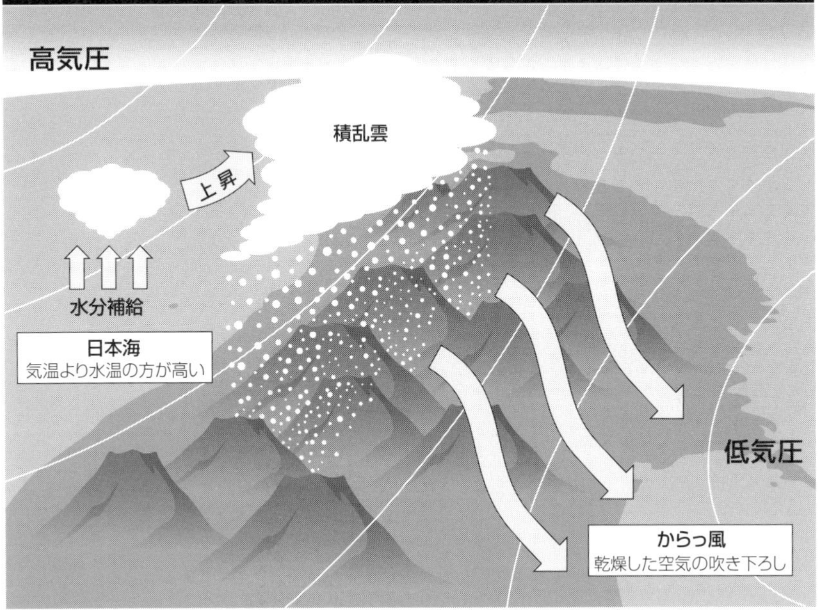

日本列島の西に高気圧、東に低気圧が位置する「西高東低」は、典型的な冬型の気圧配置。大陸からの乾燥した冷たい空気は、日本海という暖かい海面で水蒸気と熱を含み、積乱雲を作り、日本海側に雪を降らせる。雪を降らせて乾燥した空気は山を越え、からっ風となって太平洋側に吹き下ろす。

太平洋側に雪が降るパターンと降らないパターン

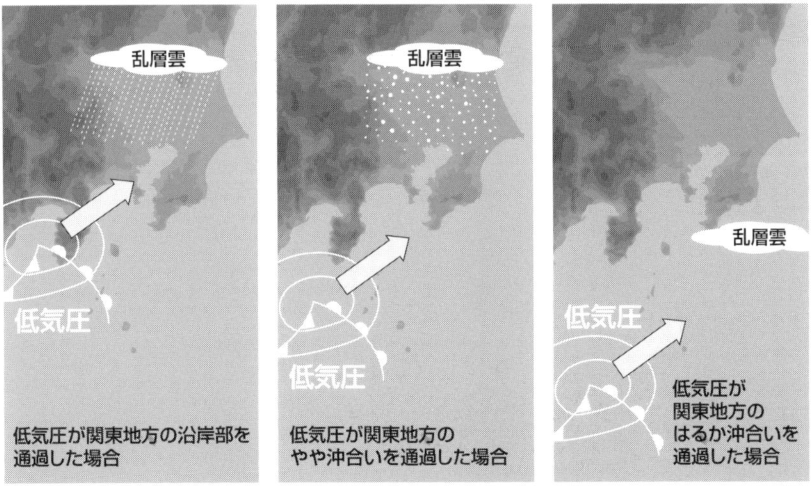

低気圧が陸に近いところを通過すると、暖気が入って雨になる。やや沖を通過すると、寒気が入って雪になる。はるか沖合いを通過すると、雨雲がかからないのでくもりになる。

CHAPTER.2- **16**

積乱雲の構造

外殻は上昇気流で低気圧、中心は強烈な冷たい下降気流で高気圧

発達した「積乱雲」の構造を調べると、次のような現象が起こっています。

積乱雲の外殻には激しく上昇する電気的にプラスの空気があり、その内側には落下する雨粒によって引きずり下ろされた電気的にマイナスの空気があります。地表に接している面にも同様に、電気的にプラスとマイナスの領域があります。専門的には「電荷」が生じている状態と言い、このプラスとマイナスの電荷が起こす激しいスパーク現象が雷であり、積乱雲と地上の間だけではなく、雲の中でも頻繁に起きています。

積乱雲の外殻では、上昇する流れを助けるように、周囲から空気が吸い込まれていきます。要は小さな、しかしうんと背が高い低気圧と考えればよいでしょう。

ところが、逆にその内側には、高いところから雨と一緒に冷たい空気が落ちてきて、底面で周りに吹き出します。まるで高気圧のようにです。つまり積乱雲の構造は、外側が低気圧、内側が高気圧の両方を兼ね備えているのです。

積乱雲に吸い込まれていく低気圧性の風は、とくに強いものではありません。しかしそこが油断を誘うのです。積乱雲の本性は、そのあと突然に襲ってくる突風。積乱雲が近づいて雨が降りはじめる少し手前頃、風が積乱雲本体の下部から吹き出してきます。しかも、上空から強制的に引き下ろされた風です。英語で「ダウンバースト」と呼び、航空機が離着陸するときにこの突風と遭遇すると大事故にもなりかねない、危険極まりない下降気流です。

この下降気流が地面に当たって周囲に吹き出す最先端部、そこが地上にいる私たちが遭遇する突風の前線となります。最も強い場合で30m/s前後、英語で言う「ガストフロント」です。外殻を上昇する気流とその内側を下降する気流、互いに温度も異なります。ということは、この二つの異なる動きと性質をもった空気の間には、地上で輪になった寒冷前線が存在することになります。

筆者は洋上で、5月は寒冷前線に伴う雷雨に、8月には上層寒気に伴う雷雨に遭遇したことがあります。幸いいずれも突風はそれほど強いものではありませんでしたが、雨はそれこそバケツをひっくり返したような土砂降りで、前方はまったく見えず、なおかつ周囲の海上に突き刺さる、無数の稲光に見舞われて生きた心地がしませんでした。近場の航海だったので気象情報を気にしていなかった典型的な失敗例です。5月の時は船が前線と一緒になって動いていたので、通常は1時間程度で済むものを、なんと4時間もの間、雷地獄を味わうことになりました。

積乱雲の立体構造

積乱雲は、周囲に上昇する暖かい空気と、中心付近で下降する冷たい空気とで構成されている。両者の地表での境界には、円形の寒冷前線ができ、激しい気象現象を引き起こす。

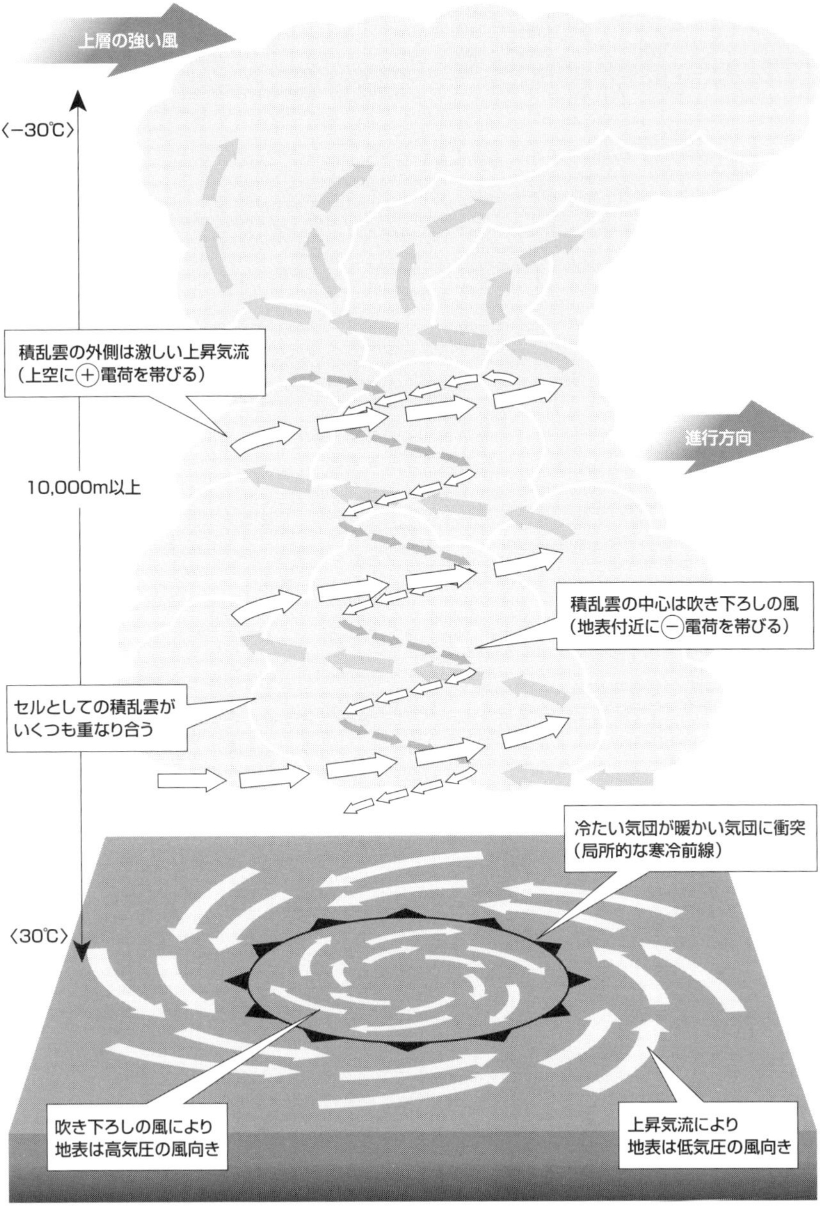

CHAPTER.2- **17**

霧

霧は雲の一種。異なる空気の温度差によって生まれる

朝起きると海上が一面の霧で覆われていたり、突然周囲が霧に包まれるといった現象を経験したことはありませんか。霧という言葉は気象現象の一つとして一般的ですが、実は霧は雲の一種であり、層状の雲が地面や海面に接している場合に霧と呼ばれているにすぎません。そして、雲の中身は空気中の水蒸気であり、水滴であり、あるときは氷の結晶でもあります。

では、なぜ雲が地表面まで降りてくるのでしょうか。海上では大きく分けて二通りの原因があります。

一つは冷たい海面上に暖かい湿った空気が入ってくる時です。日本付近で暖かく湿った空気といえば、春から夏にかけて太平洋上を吹き渡ってくる南風がその代表です。この南風が親潮など北からの冷たい海流が南下する海域に流れ込んだ時、海面上の空気が冷やされ、空気中に含まれている水分が結露し、背の低い層状の雲、つまり霧となるのです。

冷たいコップの外側に水滴がつくのを見たことはありませんか。まさにこれが霧の正体。太平洋側では千葉県沖から北海道がおもな発生場所で、夏を中心に、千葉県の銚子では年間30日以上、北海道の釧路ではなんと年間100日以上も霧が発生するそうです。また、瀬戸内海も霧の発生が多い海域ですが、発生時期は北の海域に比べて早く、3月頃からとなっています。

一方、それとはまったく逆の現象、暖かい海面に冷たい空気が入ってきたらどうなるでしょうか。暖かい海面からは水蒸気がさかんに放出されていますから、冷たい空気が入り込むと水蒸気は冷やされ、やはり層状の雲、つまり霧が発生することになります。

冬の日本海の海水温度は気温に比べると格段に暖かく、大陸からの冷たい空気が流れ込んだ時に霧が発生します。お風呂の湯気をコップに入れ、逃げないようにラップをしてみてください。そのまま少しの間、そのコップを冷蔵庫に入れてみると、今度はコップの外側にではなく、内側に水滴がつくはずです。

このほか第三の霧として、温帯低気圧が近づいてくる前にも霧が発生します。温帯低気圧は、必ず温暖前線と寒冷前線を引き連れています。暖かい空気と冷たい空気の境界があるということですから、霧が発生しやすくなります。

このほかにも霧が発生する原因はいろいろあります。発生の原因別に放射霧や逆転霧、混合霧、蒸発霧、放射霧、移流霧、上昇霧などという難しい名前がつけられていますが、要は湿気の多い空気が冷える時にできる背が低い雲だと覚えておけば分かりやすいでしょう。

霧の主な発生原因

霧の主な発生原因には、移流霧、蒸発霧、前線霧の三つがある。どのケースでも、十分に湿った空気が冷えることで発生するのに変わりはない。

【移流霧の発生様式】

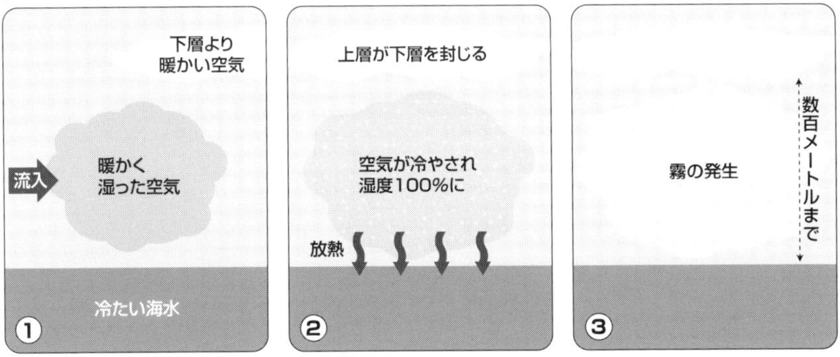

【蒸発霧の発生様式】

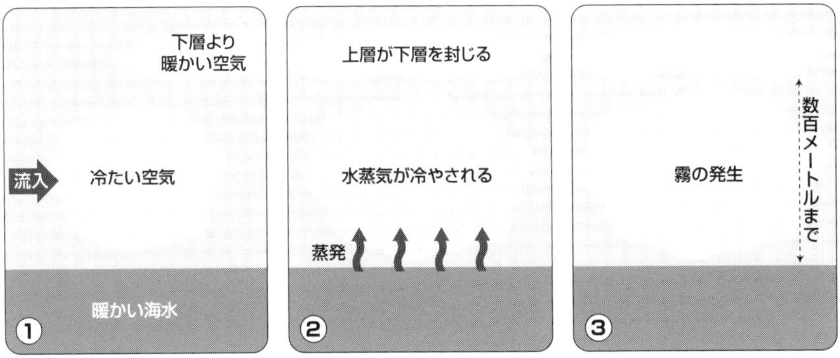

【前線霧の発生様式】

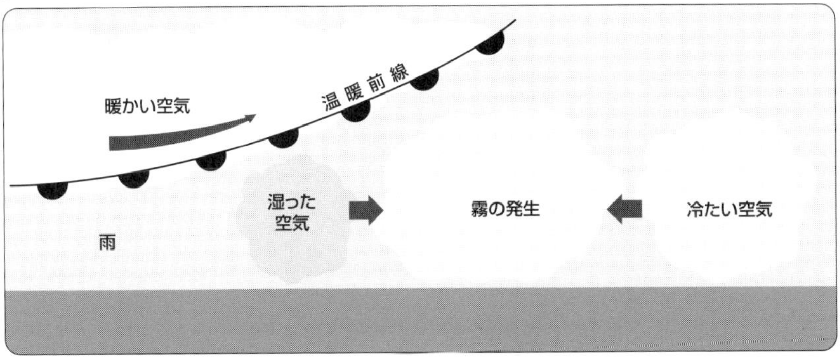

CHAPTER.2- **18**

波の正体

波は海水が移動するのではなく、海水に振動が次々と伝わる現象

海面をいつも揺るがしている波とは、いったい何でしょう。一言で言えば、海面の上下動のことです。そんなことは分かってる!? でも、波の正体について完全に理解している人は案外少ないのではないでしょうか。

私たちは普段、波が「やってくる」と言います。海岸や防波堤の波打ち際に立つと、遠くでうねっていた波が、確かに目の前まで進んでくるように見えますが、波は海水が遠くから運んでくるものではありません。波とは、縦方向に上下する海水の振動。それが隣の水に伝わり、さらに隣へ……というような連鎖が起こり、最終的に波が海岸に打ち寄せるのです。つまり、波とは海水という物質が進んでくるのではなく、水の振動が伝わってきたものなのです。

頭の中でイメージしてみてください。縄跳びの縄を二人で持ち、片方の人が大きく上下に手を振るとどうなるでしょうか。手を振った人の手元にできた振動が、相手の手元まで伝わっていきます。しかし縄そのものは、相変わらず手を振った人の手の中にあるはずです。

これを海に当てはめてみてください。たとえば海面の一点に浮かんでいるビーチボールは、波と一緒になって上下には動いても、ずっとその場にとどまっているはずです。都合よく風が吹いたりでもしない限り、決して岸までたどり着くことはないでしょう。

これは海面を颯爽と走っているように見えるサーフィンにも当てはまります。上手なサーファーは振動の頂点である波をがっちりととらえて海面を走っていきますが、下手なサーファーは波をとらえられず、いつまでも同じ場所に漂っているだけです。サーフィンは移動する海水に乗るのではなく、波という振動に乗ることで、海面を走ることができるのです。

海に起こる波だけではなく、普段私たちが耳にする音も波の一種。空間を伝わる空気の振動が音波の正体です。ただし音波は海の波と異なり、進行方向に対して上下にではなく、前後に振動することで伝わります。

では、光とはいったい何なのでしょう。この命題、19世紀の中頃まで大きな謎でした。光が波だとすると、振動を伝える水や空気などの物質が必要です。ところが太陽から発せられる光は、真空の宇宙空間を伝わって地球まで届きます。こうしたことから光は物質の一種と考えた人もいましたが、光を小箱に閉じこめることはできません。その後、波と物質の両性質を兼ね備えながら、そのどちらでもない電磁波という新しい現象の存在が証明され、光もその一種であることが分かりました。放送や通信に使われている電波や、レントゲン撮影で使われているX線も、この電磁波の一種ですが、人体に影響のある波とも言われています。

波の記録用紙

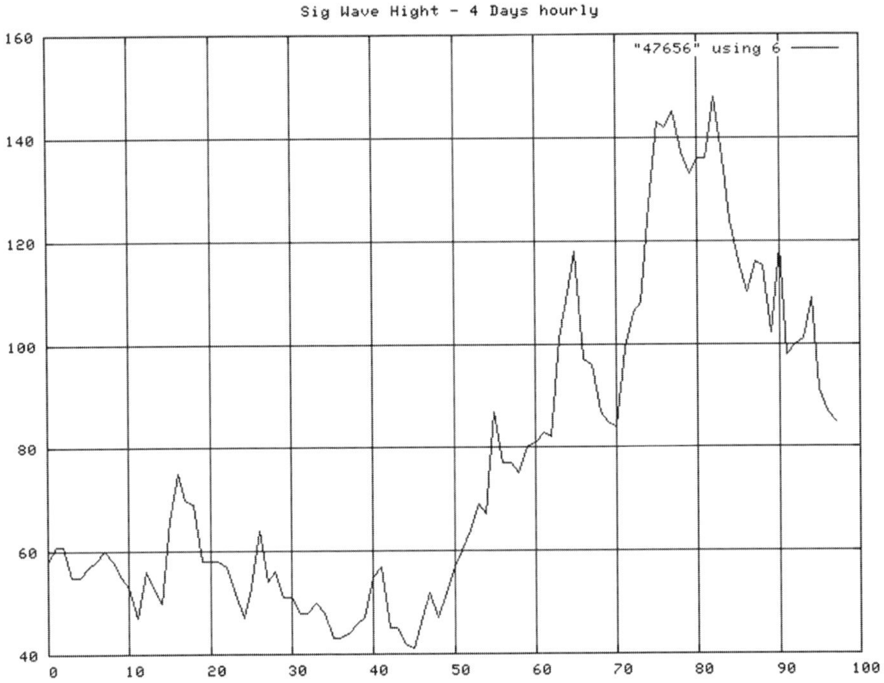

波の高さを示す「波高」の数値には、「有義波高」が用いられる。これは、ある地点で連続する波を観測した時、波高の高いほうから全体の3分の1の波を選んで平均したものだ。波高計からは、上のようなデータが出力される。縦軸が高さ(cm)、横軸が時間を表している。

海岸に打ち寄せる波

波は、海水が進んできたものではない。縦方向に上下する振動であり、それが連鎖して伝わってきたものが、海岸に打ち寄せる波だ。

CHAPTER.2- **19**

うねりと風浪

遠くの風が起こす「うねり」
近くの風が起こす「風浪」

私たちが目にする波には、「うねり」と「風浪」の2種類があります。うねりは、その場所では風がないのに海面が振動する現象で、通常はゆったりと動いています。一方、風浪はその場所で吹いている風によって、さざ波が立ったり、ウサギが飛んでいたりする(白波が立っている)現象です。ウサギが飛ぶと(およそ風力4あたりから目立つ)、船が短い間隔で上下に揺らされます。

どちらもその源は風。もともとの波ができた場所が遠いのか、近いのかの差です。

代表的なうねりは、日本から数千km離れた南海上の台風などによる強い風や、高気圧の周辺で長時間同じ方向の風が吹き続けることによって作られた波です。一方、風浪は現在自分のいる場所か、その近くで吹く風によって作られたものです。波の高さは風が吹き渡る距離が長くなるほど、また強くなるほど、その風下で高くなります。

実際の海上は、このうねりと風浪が重なり合った波に支配されており、この波の高さを「合成波高」と呼びます。この合成波高は、複数の波を単純に合成したものではなく、たとえば3mのうねりと2mの風浪があった場合には5mとはならず、およそ3.6mの波高となります(合成波高=$\sqrt{[\text{波高}a^2+\text{波高}b^2+\cdots\cdots]}$)。

ところが、実際はもっと複雑です。広い海上には実にさまざまな方向からの風が吹いています。また、ある方向から吹いていた風が、次の瞬間に向きを変えることもしばしばです。その代表的なケースが低気圧や前線の通過でしょう。そして、風向きが変わっても波はすぐには消えずに、うねりとなって残ります。結果として方向の違ううねりと、その時点での風浪が重なり合うのです。

この複雑に合わさった波が、実は船にとって最大の脅威となります。漁師が言う「波が悪い」とは、まさにこの種の波のことで、ほかにも「はぐれ波」や「不規則波」「変則波」、英語では「ランダムウエーブ」「クロスウエーブ」など呼び方はさまざまですが、悪天に遭遇した船乗りの伝承には、必ずと言っていいほどこういった言葉が登場します。

こうなると、船をどの方向に向けてもまともに波は受けられません。波を船首から受けた次の瞬間には、横から別の波が当たり、しばらくおとなしいと思っていたら突然別の方向から……というようなことは、プレジャーボートに乗る方なら、幾度となく経験されていることでしょう。船が小さければ小さいほどこの波が悪さをしはじめ、操船どころではなくなるはずです。風が強い日のヨットではなおさらで、波による動揺で帆の面が裏返る「ワイルドジャイブ」が起き、マストが折れることさえあります。

波高

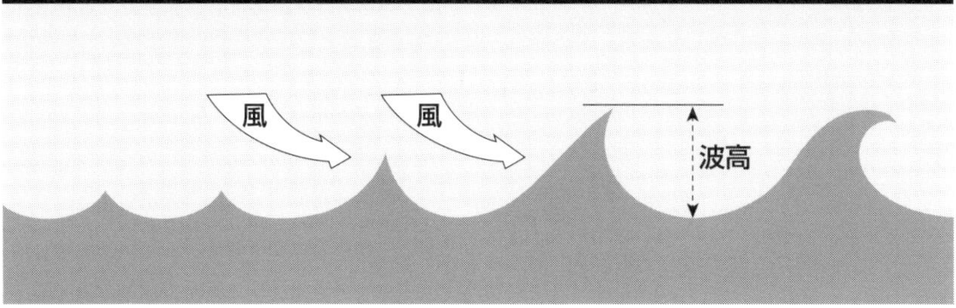

その場所で吹いている風によって作られる波を「風浪」と言う。波の高さを示す「波高」は、波の底から頂上までの距離。

合成波高

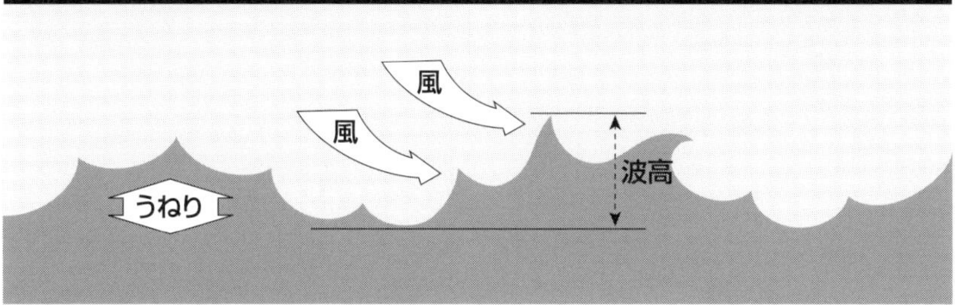

遠い場所で吹いている風が生み出した振動が伝わってきた波が「うねり」。風浪にうねりが加わると、波高はさらに高くなる。これを「合成波高」と呼ぶ。

クロスウエーブ

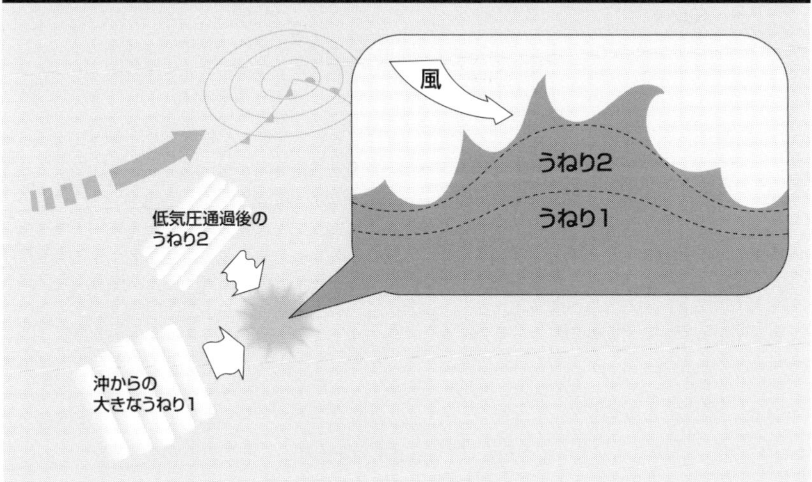

同じ方向ではなく、異なる方向からの波が合わさると、波は想像以上に高くなることがある。風とは違う向きからやってくるので、注意が必要だ。

CHAPTER.2- **20**

海流

地球規模で動く海水の流れ「海流」。衛星からの情報で、その流れを推測する

不安定な燃料価格が続く昨今、ただで船を運んでくれるエネルギーとして注目されているのが「海流」です。海流は、風のように日々気まぐれに変化することはありません。船の進む方向と海流の流れる方向が合えば、船の速度アップや燃料の節約を手助けしてくれますから、利用しない手はありません。

地球上には北半球で右回りの、南半球では左回りの大きな海流があります。これらをよく見ると、海上にはその海流と同じ規模の高気圧が確認できます。つまり、季節による強弱はあるにせよ、海洋上には高気圧から吹き出す風がほぼ一年中あって、この大規模な海流を作りだしているとも言えます。

もちろん一筋縄ではいかないのが自然現象ですから、これがすべてというわけではありません。大きな海流があるところには、必ずその両側に逆向きの流れ、すなわち反流が存在して流れ去る海水を補っています。

大規模な海流の代表的な存在として、赤道の北を西へと流れる「北赤道海流」があります。これがフィリピンの東沖から北上して行くと、日本付近では「黒潮」と呼ばれ、さらには北アメリカまでの「北太平洋海流」となり、北アメリカ大陸にぶつかって南へ下ってからは「カリフォルニア海流」、そしてまた元の北赤道海流へと戻っています。赤道の南にも同じ循環があり、赤道付近では「南赤道海流」と呼ばれていますが、北赤道海流との間には「赤道反流」と呼ばれる逆向きの東へと流れる海流があります。また、北赤道海流と南赤道海流の下層には、「赤道潜流」と呼ばれる海流がやはり東へと流れています。

海流を上手に利用するには、そのすべてを把握する必要があります。しかし、海はあまりにも広く、直接測定するわけにはいきません。そこで便宜上、人工衛星から観測された水温分布情報や海面高度分布情報から推定する方法が一般的です。

どちらも一長一短があり、水温情報はかなり詳細な測定値ですが、日々変化しており、必ずしも海流すべてを反映しているものではありません。一方、海面高度分布情報は水温に比べるとおおまかな測定値で、精密な海流の判断には使えず、また沿岸などの海底が浅い海域では情報が得られません。こうしたことから、実際にはこれら二つを見比べながら海流の状況を判断します。もちろん実測された海流図がある海域では、これを利用します。

船の向かう先に必ずしも有利な海流があるとは限りません。それでも、海流が不利になるような海域を航行する時間をできるだけ短くするなどの工夫をすれば、確実に省エネと航海時間の短縮につながるはずです。

海流図（海洋速報）

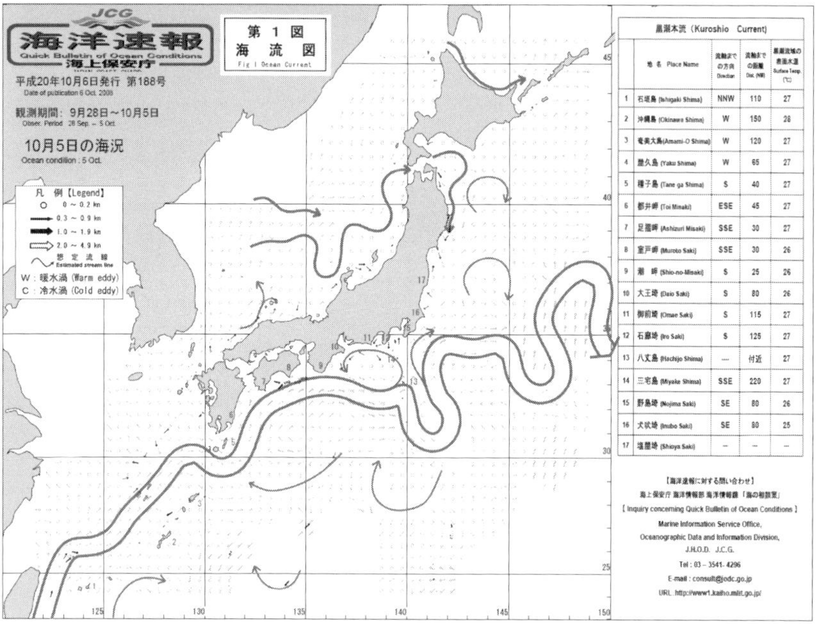

黒潮本流（Kuroshio Current）

	地 名 Place Name	流軸までの方向 Direction	流軸までの距離 Dist. (NM)	黒潮流域の表面水温 Surface Temp. (℃)
1	石垣島 (Ishigaki Shima)	NNW	110	27
2	沖縄島 (Okinawa Shima)	W	150	28
3	奄美大島(Amami-O Shima)	W	120	27
4	屋久島 (Yaku Shima)	W	65	27
5	種子島 (Tane ga Shima)	S	40	27
6	都井岬 (Toi Misaki)	ESE	45	27
7	足摺岬 (Ashizuri Misaki)	SSE	30	27
8	室戸岬 (Muroto Saki)	SSE	30	26
9	潮 岬 (Shio-no-Misaki)	S	25	26
10	大王埼 (Daio Saki)	S	80	26
11	御前埼 (Omae Saki)	S	115	27
12	石廊埼 (Iro Saki)	S	125	27
13	八丈島 (Hachijo Shima)	---	付近	27
14	三宅島 (Miyake Shima)	SSE	220	27
15	野島埼 (Nojima Saki)	SE	80	26
16	犬吠埼 (Inubo Saki)	SE	80	25
17	塩屋埼 (Shioya Saki)	---	---	---

海上保安庁が1週間ごとに発表する日本付近の海流図（海洋速報）。日本の太平洋側で、南西から北東に向かって流れているのが黒潮で、定期的に見ることで、蛇行の様子も分かるはずだ。黒潮の両脇には、逆向きの流れが発生している様子も分かる。海上保安庁海洋情報部のホームページ（http://www1.kaiho.mlit.go.jp/）からダウンロードすることが可能だ。

海面高度分布情報

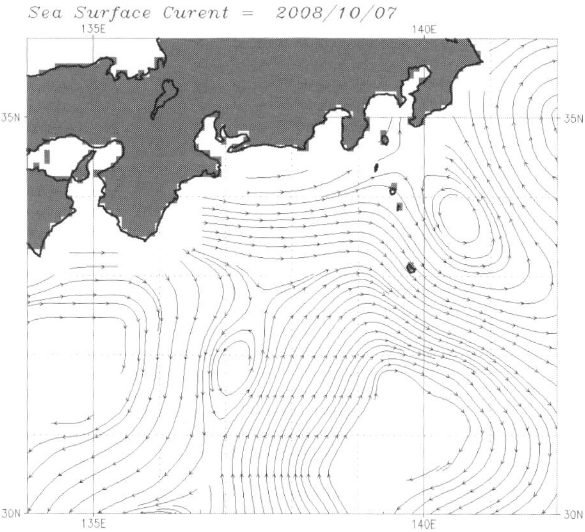

海はあまりにも広いため、直接その場で測定するには限界がある。そこで人工衛星から観測された海面高度分布情報（左図）や、水温分布情報を利用するのが一般的だ。黒潮など暖流が流れる場所は海面が盛り上がっているため、ある基準を設けた海面の高さを測れば、およその海流が分かる。

CHAPTER.2- **21**

水温

海は地球の蓄熱器。空気よりも格段に大きな熱容量が熱を蓄える

地球の70%を覆う海を無視して、地球の気象現象は語れません。そこで海、つまり水の根本的な性質について説明しておきます。気象現象に最も大きな影響を与える水の特性はその「熱容量」です。

簡単な例を挙げましょう。たとえば100℃の乾式サウナ風呂に入っても、やけどはしません。ところが100℃の風呂につかったらどうでしょう。結果は言うまでもありません。100℃の空気は人肌と触れたところから途端に温度が下がってしまいますが、100℃の水は人肌に触れてもすぐに温度が下がることはありません。つまり、空気が持つ100℃と水が持つ100℃とでは、熱容量が違うのです。

この場合、「空気よりも水の方が熱容量は大きい」という言い方をします。言い換えれば「空気は熱しやすく冷めやすく、水は熱しにくく冷めにくい」となります。ここに海が地球の蓄熱器と呼ばれる訳があるのです。

もちろん海も大気の場合と同じで、日射を受け取る角度によって暖まり方が違います。つまり大気に絶えず温度差が生じるように、海水の温度にも東西南北で大きな差が生まれているのです。

また、海面から海底までの間でも温度差があります。大気の場合は高くなるほどに温度が下がっていきますが、海の場合はその逆で、深度が増すほど温度が下がります。ただし、大気のように氷点下になることはありません。深海での水温はせいぜい2℃前後と言われており、むしろ海面で氷点下になることがあります。これは氷山や氷点下になった空気の影響です。

さらに、大気の場合と同じで、海面付近で冷やされた海水は重たくなって下方に沈み、代わりに下から暖かい海水が浮上してきます。大気と同じような対流のはじまりです。

この海水の温度も、年によって低かったり高かったりと、年変動をします。海表面の温度は、海面付近の風や天候に大きく影響されますが、その結果、今度は逆に海水の温度が大気に対して影響を与えます。持ちつ持たれつといったところでしょうか。

海水の温度が平年よりも高いと、大気の温度もその海域で高くなり、たとえば低気圧が発達するのを手助けします。逆に海水の温度が低いと、冷たい高気圧、たとえばオホーツク海高気圧を維持する原動力にもなります。熱容量が大きな海水は、温度がいったん変化すると数日から、規模によっては数ヶ月もその状態が続くことになります。この海水の温度変化を注意深く追っていくと、長期的にどのような気象現象が起こりうるかということを、おおまかに予測できることもあります。

水温は深さによって変わる

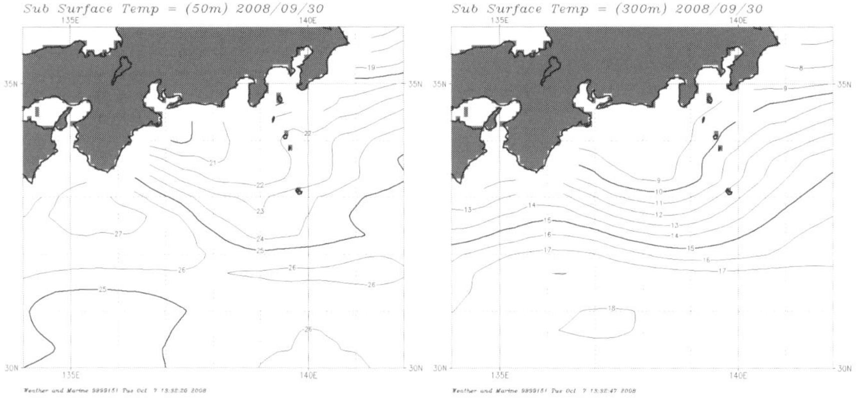

海水の温度は深さによって異なり、分布の仕方もずいぶん異なる。左は海面から50m、右は海面から300mの水温分布図。同じ場所でも10～15℃の差が見られる。

深い場所の海水は四季を通じて温度変化が少ない

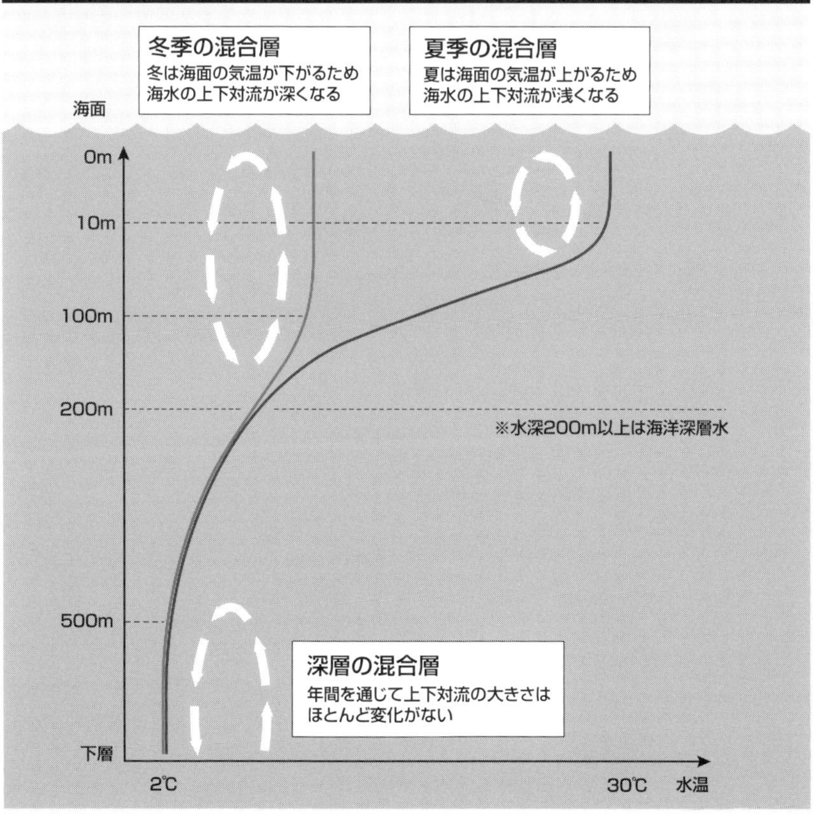

CHAPTER.2- **22**

水温が示すサイン

水温は海水の成分を知る重要な手がかり。生まれ故郷で“味”が違う

昔から漁業では、漁場を探すのに海水の温度を目安にしてきました。漁師さんたちは経験的に、魚の生態と水温の関連性を知っていたと言えます。水温を測るには棒状の水温計一本あれば事足りるわけで、16世紀にガリレオが温度計を発明して以来、その改良品が早くから海で利用されていたはずです。価格も安く、測定のために船を止める必要もありません。それでいて漁場が探せるのですから、水温と漁場の関係は古くから研究の対象になっていたことでしょう。「○○魚は水温××℃で捕れた。○○魚はその水温が適温だから、水温××℃の海を探せば漁場に当たる」というようにです。

ところが実際の魚と水温の関係は、それほど単純ではありません。もちろん寒いところが好きな魚、あるいは暖かいところが好きな魚、生存できる境界線はありますが、かなり自由に泳ぎ回っているようです。回遊魚として有名なマグロは、餌を探すときは冷たい海で、産卵は暖かい海でというように、そのときどきに応じた水温の海で生活しています。とくに餌を探す時は、20℃の水温差も何のその、数百mの深さにまで潜っていきます。

水温の値が示すものは、単に暖かいか冷たいかという、単純なことではありません。海水にも生まれ故郷があります。それによって、海水の質も違います。水温の値や変化は、海水の状態を表す重要なサインの一つなのです。いま温度計で測った海水は、南から来たものなのか、東から来たものなのか、それとも海底から来たものなのか。それによって、塩分、酸素、栄養、餌の質、そのほかたくさんのスパイス、つまり海の味が異なるのです。

さらに、水温と流れには密接な関係があります。たとえば本州の南を流れる黒潮を探すときは、水温を目安とします。暖かい海水は膨張して膨らむため、海面が盛り上がります。そのため暖かい海水は周囲に流れ出して、北半球では時計回りの渦となります。まるで海の高気圧といった具合です。

逆に冷たい海水は重いため、海面が下がります。へこんだ海面に周囲から海水が流れ込み、北半球では反時計回りの渦になります。さながら、海の低気圧と言えそうです。

ある時点で複数箇所の水温を測り、それを分布図にしたものを水温図と言いますが、これが海の天気図ということになるでしょう。空気も水も流体と呼ばれ、自由に変形し、固体とは立ち振る舞いが大きく異なります。水温図を見ると、そこからおよその流れや海水の故郷などが分かってくるのです。魚はその海水の味を頼りに海を渡り歩くのであり、決して水温のみに導かれているのではありません。

水温水平分布図

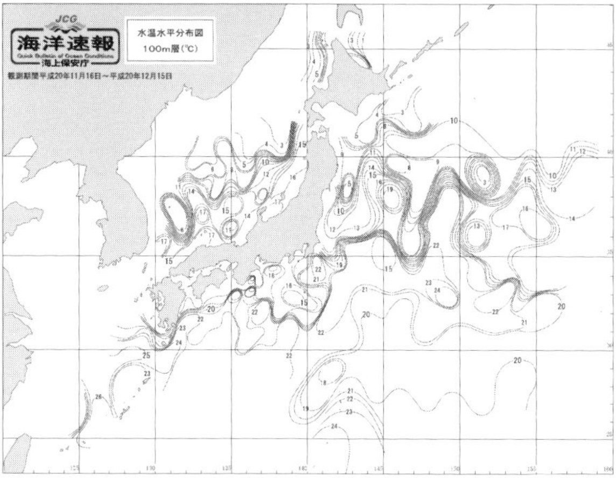

海上保安庁海洋情報部のホームページ(http://www1.kaiho.mlit.go.jp/)からダウンロード可能な海洋速報にある、水温水平分布図。同じ水温をつないだ等温線の感覚が狭い部分は、流れが速い。

人工衛星NOAAの表面水温画像

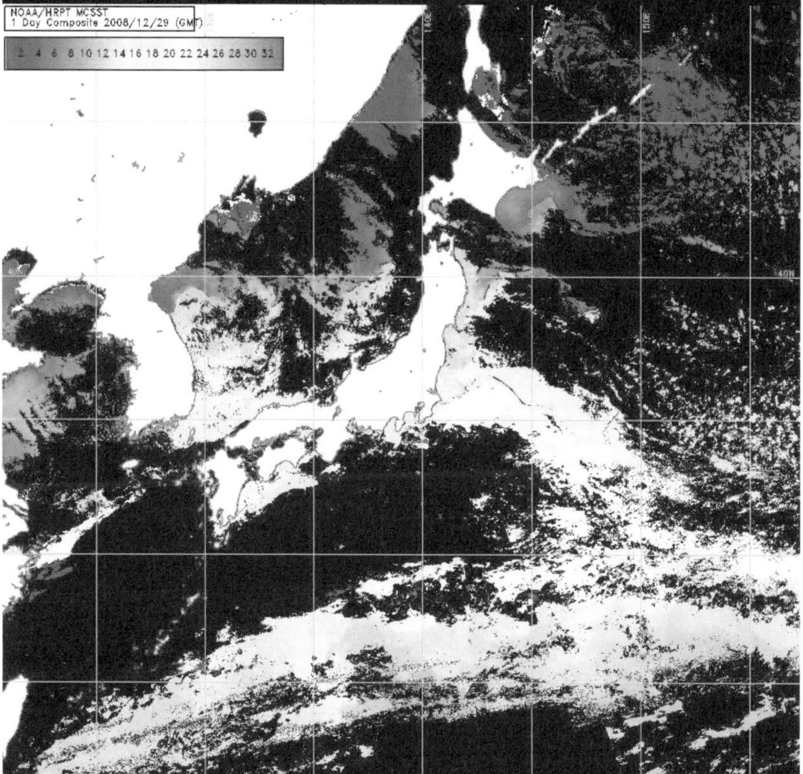

アメリカの海洋大気庁(National Oceanic and Atmospheric Administration)の人工衛星「NOAA」が観測した表面水温画像

海の気象屋
日記
Vol.2

南極航海での気象予報

南極海域では、こんな氷山も当たり前だ。筆者は、1995年から5度にわたって〈白嶺丸〉の南極周辺海域の調査に同行した

1995年から合計5回、海洋地質調査船〈白嶺丸〉での南極周辺海域の調査に同行しました。調査は、南半球の夏にあたる12月から2月に行われます。

調査には、海底の起伏を調査する測深探査や、海底の地層を調べる地震探査などがありました。しかし、風波によって船が揺れると、良いデータは取れませんし、長いケーブルが切れることもあります。そこで、調査海域の選択、調査の継続や中止などの判断を、気象予報で決めるのです。氷山や流氷の分布を事前に把握し、その後の動きを予測するのも我々の仕事でした。

南極海での調査の前には、必ずアメリカ・メリーランド州にあるナショナルアイスセンター(NIC)に行き、氷域の情報を入手していました。ここはアメリカ海軍と海洋大気庁が合同で北極海や南極海の氷域の分析をしていて、海軍の衛星情報施設といってよいでしょう。軍事関連の情報は当然閲覧できませんが、少しだけ見させてもらうと、数mの流氷も一つ一つ確認できるほどの解像能力を持っていました。

南極海で、最も印象に残っているのがアメリー氷棚です。衛星画像にくっきりとこの氷棚が映っていた時には、感動しました。また、最も深い低気圧に遭遇したのも、このアメリー氷棚の北西方でした。中心気圧は954hPa、最大瞬間風速40m/s、波高は6mほどでしたが、〈白嶺丸〉は片舷40度以上傾き、床のタイルが剥がれるほど揺れたものです。

こんな時、一番つらいのが気象屋。時化の予報を外せば何を言われるか分かりませんし、当てたら当てたで大変な思いをします。こういう時は人前に出ず、自室で一人揺れに耐えるのが一番です。

CHAPTER 3

第3章

実践的天気予報

自分自身で天気を予測する

気象現象には、大局的なものと局地的なものとがあります。
ですから、地形などの条件も加味した上で、状況に応じた、
自分なりの予測を立てることも大切なことだと言えるでしょう。
気象が変化する時には、風や波、雲などが、必ず変化を見せるもの。
そんなちょっとした変化でも見逃さなければ、より正確に気象を把握し、
予測を立てることが可能になるはずです。
ここでは、一歩進んだ天気の予測に役立つノウハウを紹介します。

CHAPTER.3- 1

天気予報の利用

都合がよい方向へ解釈してしまうと、重大な事態を招くことも

天気予報を利用する際に一番大事なことは目的をはっきりさせることでしょう。極論を言えば、天気予報の信頼性とは、予報が外れた場合にどのような事態になるか、その損得勘定(?)で決まると言ってよいと思います。

今、激しい気象現象が予報されて、これに対して、緊急避難的な防災対策を講じたとします。そして、幸か不幸か予報が外れた場合はどうなるでしょうか。無駄になってしまった防災対策費用と、予報通りの気象現象で損害が出た時の損失を比べたら、やはり前者の方が圧倒的に小さいのです。

では、その逆の場合はどうでしょう。静穏な天気と予想されたのに、"突然"の大気不安定現象が発生して被害に遭ったとします。しかしこんな時でも、ほとんど必ずどこかで注意すべき情報が耳に入っているはずです。たとえば、「所によりにわか雨」とか「所により大気が不安定」などというように。「所により」は、「自分の所以外」という先入観から、ついつい大切な情報を聞き逃してしまうのだと思います。とくに海や山など大気が不安定になりがちな場所に赴くのであれば、予想を超える気象現象は、少なからずあると思った方がよいでしょう。

飛躍的に科学が発展した今日でも、ピンポイント天気予報、あるいは先の長い予報になればなるほど100%の予報はありえません。悪い予報が良い方へ外れる場合もありますが、逆にもっと悪い方へ外れることもあります。

自分の都合が良い方へ天気予報の"ただし書き"を解釈してしまうと、まず良い結果は得られません。とはいえ、気象情報を客観的に判断することを生業としている私でも、週末の予報を見て舌打ちしてしまうことがあります。こんな時、気象予報士として、またユーザーの一人として、冷静さに欠けたと反省しなければならないことが多々あるのです。

仕事でも遊びでも、大気や海洋という大自然は、決して特別扱いしてくれません。悪天候とその可能性に対して、どこかでしっかりと"引き際"を決めなくてはならないのです。

何かにつけて、期待は判断を鈍らせます。とくに過度の期待は禁物です。ところが少ない自由時間とを天秤にかけると、とかく予定を決行したくなります。「天気予報も外れることがある」「その程度の悪天ならばなんとかなる」「せっかくの休みなのに……」などと、なんとか情報を自分の味方につけたり、責任を情報に押しつける方へ向かってしまうのです。

つまり、天気予報という情報を得た時、私たちがそれをどこまで素直に受け入れることができるのかという問題ですが、これが意外にも難しいのです。私自身も、実際は反省の毎日でもあります。

天気予報をどこまで信じる？

三浦市沖の天気予報
[更新:Wed Jan 7 22:26:57 2009]

右表は3時間毎の天気予報です。

日付	時間	天気	降水確率 (%)	雨量 (降雪量) (mm)	気温 (℃)	波高 (最大波高) (m)	波向	周期 (秒)	風向	風速 (最大風速) (m/s)
09/01/07	12 － 15		20	0	9	0.2 (0.4)	↙	2.0	↙	6.8 (10.2)
	15 － 18			0	7	0.2 (0.4)	←	2.0	↙	5.5 (8.2)
	18 － 21		30	0	7	0.2 (0.4)	↖	2.0	↙	5.2 (7.8)
	21 － 0			0	6	0.2 (0.4)	←	2.0	↙	5.6 (8.4)
09/01/08	0 － 3		30	0	5	0.2 (0.4)	←	2.0	↓	6.3 (9.4)
	3 － 6			0	5	0.2 (0.4)	↙	2.0	↓	6.9 (10.4)
	6 － 9		20	0	7	0.2 (0.4)	↙	2.0	↙	7.6 (11.4)
	9 － 12			0	9	0.2 (0.4)	↙	2.0	↙	7.9 (11.9)
	12 － 15		10	0	9	0.2 (0.4)	↙	2.0	↙	7.8 (11.7)
	15 － 18			0	8	0.2 (0.4)	←	2.0	↙	7.2 (10.8)
	18 － 21		30	0	8	0.2 (0.4)	↖	2.0	↙	7.2 (10.8)

表の見方

	晴れ
	曇り
	曇り（雷の確率20%以上）
	雨
	雨（雷の確率20%以上）
	雨か雪
	雨か雪（雷の確率20%以上）
	雪
	雪（雷の確率20%以上）
?	天気不明

-- Weather and Marine --

筆者が代表を務める（株）気象海洋コンサルタントでも、ユーザーに対して、さまざまな天気予報を提供している。上の画面は、ピンポイント予報。48時間先までの天候や風、波などの情報が閲覧できる

COLUMN

気象屋の「賄い予報」

料理人が自分たちのために作る食事を「賄い料理」と呼んでいますが、筆者も自分自身のために考える気象を「賄い予報」と呼んでいます。自分が利用する予報でも、常に第三者として判断することが大切。数日以上あるいは片道100海里以上の航海では、1週間も前からあれこれ考えながら予想を組み立てますが、1日程度の航海では、どうしても現在の天候が優先したりしてその先を読み忘れることがあります。筆者が本格的にヨットを始めてから、現在までの6年間で出合った荒天は5回。雷雨2回と強風3回ですが、いずれも見落としてしまったり、「なんとかなる」方式で無理をしたりで、えらい目に遭いました。また、こんな話もあります。ある気象予報官が、子供の運動会の日に当番に当たってしまいました。あいにくの不安定な天気でしたが、できれば運動会をさせてあげたいという思いが予報に乗り移ってしまい……。結果は、読者の皆さんにはお分かりですね。

局地気象

地方特有の局地風。沿岸部では地形から強風や高波になることも

「局地気象」とは、局地的に起こる気象現象のことを言います。日本各地で特別な名前のつく風「局地風」も、この局地気象の一つです。

日本の局地風には大きく分けて「おろし」と「だし」の二つがあります。おろしで有名なのは、阪神タイガースの応援歌にもなっている「六甲おろし」で、山側から強い風が吹き降りてくる現象です。冬、北寄りの強い風が日本海から六甲山に向けて吹きつけますが、それが山頂を越えて反対側の山肌を駈け降りて強風となります。ただし冬特有の現象で、春から秋に吹くことはまずありません。

逆に、春先に太平洋側から日本海側へ向かって吹く強風もあります。乾燥した高温の風が日本海側で吹き荒れる「フェーン」がそれです。

だしは山形県の「清川だし」が有名です。主に夏、太平洋側からの風が、山間部の渓谷を抜けて、日本海側の平野部に吹き出すというものです。新潟から北の日本海側では、「○○だし」と呼ばれる局地風が多く見られます。

これら「おろし」「フェーン」「だし」には、大本となる風の“種”があります。おろしの場合は西高東低の冬型気圧配置であり、フェーンの場合は日本海を発達しながら通過する低気圧です。だしの場合は地域によってさまざまで、山間部を吹き抜ける風を作る気圧配置があれば、起こる可能性が高いと思ってよいでしょう。

一方、海上での局地気象は沿岸部で顕著に見られます。日本列島の沿岸部の地形は、どこも特徴的です。平坦な海岸線があれば、岬や海峡で入り組んだ海岸線もあります。背後が高い山だったり、平坦な平野部や谷だったりすることもあります。海底も同様で、急激に深くなっている所もあれば、海水浴場のように遠浅の所もあります。

ひとくちに日本の沿岸部と言っても、地形はまさに千差万別。この複雑な沿岸部の地形を原因として、局地的な強風と高波が起こります。とくに両側から陸地がせり出している海峡部では、低気圧や高気圧など気圧配置による強風の“種”がなくても、風向きによって風が強く吹くことがあります。道路が狭くなると車の流れは滞り、スピードは半減しますが、風や水の場合、その通り道が狭くなると反対にスピードが倍増するのです。

最近、都市部で頻発する局地的な豪雨や竜巻についての予報は、社会的な影響が大きいことから、今後さらに整備されていくはずです。しかし、海上の局地気象となると、地形的な特徴を把握して自身で一般の予報に上乗せしていく以外にありません。筆者も常に予報の2倍程度の風や波を想定して対応するように心掛けています。荒天対策とは、事前に行うことではじめて意味のあるものとなるのです。

山や島の近くで起こる局地風

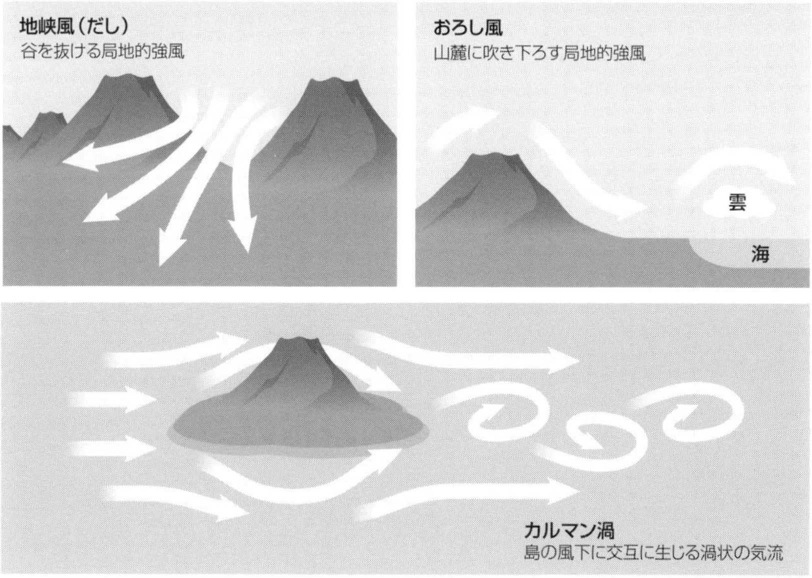

全国各地の局地風

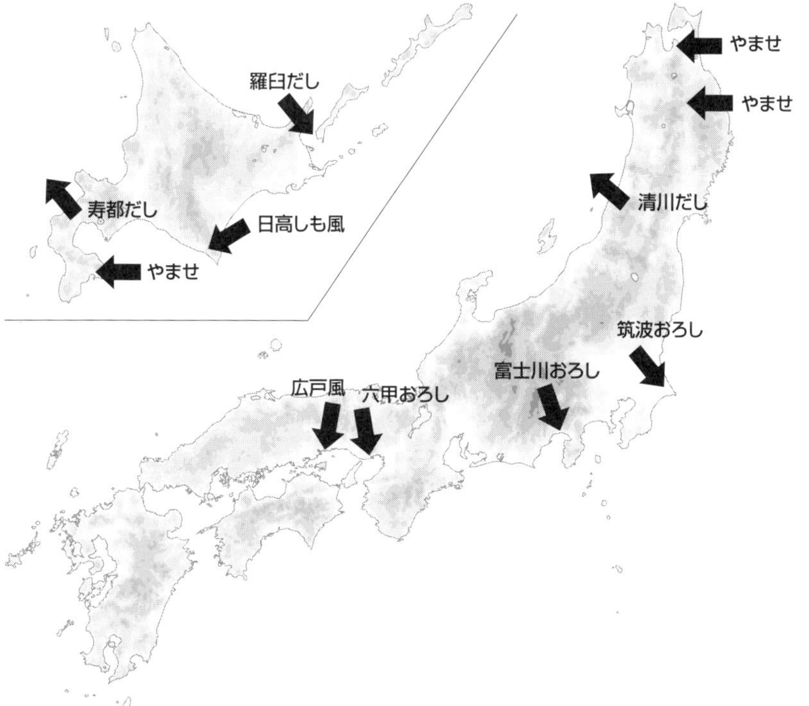

CHAPTER.3- **3**

局地海象

浅瀬や岬、防波堤で波は複雑に。風の強い日は海岸線に近づかない

大気のさまざまな現象を気象と言うのに対して、波や海潮流など海の現象は海象というジャンルで区別されています。このうち、地形などに影響を受ける海象について「局地海象」としてまとめてみました。

海岸から遠く離れた所から押し寄せる波は、海岸に近づいて深度が浅くなると、人間と同じように底に足がつくようになります。すると波の底が持ち上げられ、ある限界を超えると、途端に高さが倍増します。

もう一つ重要な波の性質として、波は等深線と直角に進んでいこうとすることが挙げられます。等深線とは、海底の同じ深さの所を結んだ線のことです。海岸線が直線的に延び、波の来る方向と直角であれば、波はそのまま真っすぐ海岸にたどり着きますが、まずそんな海岸はありません。あるところでは内側に入り込み、別のところでは外側に突き出ているはずです。内側に入り込んだ海岸では、波は扇型に広がるように拡散されながら進んでいきますが、逆に、岬のように外側に突き出ている海岸では、左右から波が集まってきます。外側に突き出ている海岸では、波の力が増幅され、高さも倍増するというわけです。

これ以外にも、沖からの波を防ぐために延びている防波堤は要注意です。防波堤に当たった波は行き場を失い、一呼吸おいて引き返すような動作をするはずです。そこへ沖から新たな波が来てぶつかるため、波は高くなり、さらに複雑な形、つまりグチャグチャな波が発生することになります。たいていの場合、うねりも同時に沖から来ているはずです。沖から岸に向かって強い風が吹き続いている時に、決して岸に近づいてはいけないというのは、こんな理由があるからです。海が荒れている場合、人は往々にして足元の揺れない大地を求めたがりますが、そこにたどり着く前には、こんな難関が待ち構えているのです。

ところで、船には舵利き速度というものがあります。水に対して舵を利かせることができる船の最低限の速度のことですが、追い波の時には、一見、船は十分な速度で動いているようでも、実は海水に対しての速度はゼロということが往々にしてあります。こういった場合、舵利き速度はゼロ、つまり舵が利かないということです。

舵の利かない船は波の向かう方向へしか進めず、下手に舵を切れば波にお尻を振り回されてしまいます。その結果、波を横から受けての横倒し、いわゆるブローチングが起こることになります。こんな時、目の前に防波堤や岩礁が迫っていたとしたらアウトです。追い波を受けての航行では、凍結した道路で急ハンドルを切るのと同様の現象が起きるのです。

岬の先端付近での波の立ち方

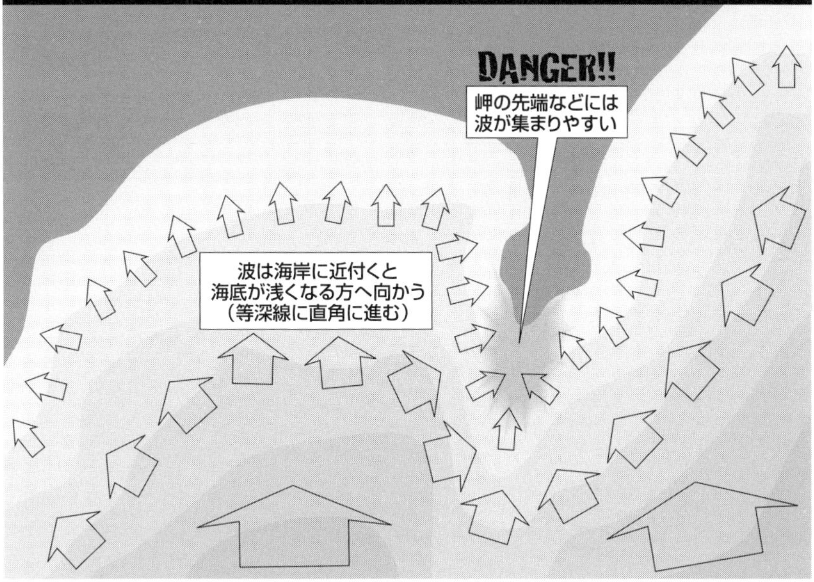
DANGER!!
岬の先端などには
波が集まりやすい
波は海岸に近付くと
海底が浅くなる方へ向かう
（等深線に直角に進む）

波には、等深線に対して真っすぐに進んでいこうとする性質がある。したがって、岬の先端など外側に向かって突き出た部分は、左右から波を受けることになる。

島陰は安全ではない！

DANGER!!
波の進行方向から見て
島の裏側に波が集まる

波のやってくる方向とは反対側の島陰にいれば、波を避けることはできるように思うが、これは間違い。波は等深線に対して直角に進もうとするため、ねじ曲げられた波が島陰に集中する

CHAPTER.3- **4**

海陸風

昼夜での温度差は、陸で大きく、海で小さい。この差が対流を生む

本州の太平洋側に面している地域、つまり海が南にある地域では、「今日は北、日中南寄りの風」という天気予報の一節をよく耳にします。これが日本海であれば「今日は南、日中北寄りの風」、西に海がある場合は「東、日中西寄りの風」となるでしょう。これらに共通することは、「朝晩は陸から風が吹き、日中は海からの風に変わる」という意味です。

このような風を「海陸風《かいりくふう》」と呼んでいます。天気図上に低気圧や高気圧などの接近がなく、等圧線と呼ばれる渦状の線が1本以上ないような場合に吹く典型的な局地風です。天気図を見る限りでは、きっと穏やかな海を想像するはずです。ところが天気図には何も描かれていなくても、実は局地的には、寿命が半日程度の高気圧や低気圧が存在しているのです。

私たちが住む陸地では、天気予報で必ず最高気温と最低気温が伝えられます。天気のよいことが予想される日では、最高気温と最低気温の差が10℃以上になることはよくあります。ところが海水の温度は、天気がよくても1日の間にせいぜい1℃程度の変化しかありません。水は熱しにくく冷めにくいからです。

この温度変化の違いは、そのまま一日における海と陸の温度差となります。夜の間、陸地の温度が海水の温度より低くなり、日中、陸地の温度は海水の温度より高くなるといったケースは、とくに夏を中心に頻繁に起こります。空気は温度の低い方から高い方へ、つまり重い方から軽い方へと流れます。重いところが局地高気圧、軽いところが局地低気圧となって、夜は陸が局地高気圧で海へ、日中は海が局地高気圧となって陸へと空気が動くのです。

ですから、ある日に海陸風が吹くかどうかは、前日にあらかじめ海水の温度を測っておき、翌日の最高気温と最低気温を聞くことで予測できます。およそですが、気温と水温の差1℃に対して、風速1m/s弱と覚えておけばよいでしょう。

この海陸風、北半球の場合、一般的には時計回りに風向が変わっていきます。朝のうちは北寄り、そのあと東寄りに、さらに南寄りに変わるはずです。ところが深い湾などの場合、反対側の岸では逆の反時計回りになることがあります。筆者は、2003年夏にアテネ五輪セーリング競技のための事前観測を行いました。この時のレース海面は南に口を開けた湾の東側にあり、北寄りの風が日の出とともに西に回り、日中は南寄りの風、日没後は東から北へと、見事に反時計周りに変わったことを覚えています。自然現象は常に一方的ではなく、バランスを取る反対の現象が隣り合わせに起きて、システムを作り上げているのです。

1日の海陸風の移り変わり

【海風の発生期　8時〜10時】

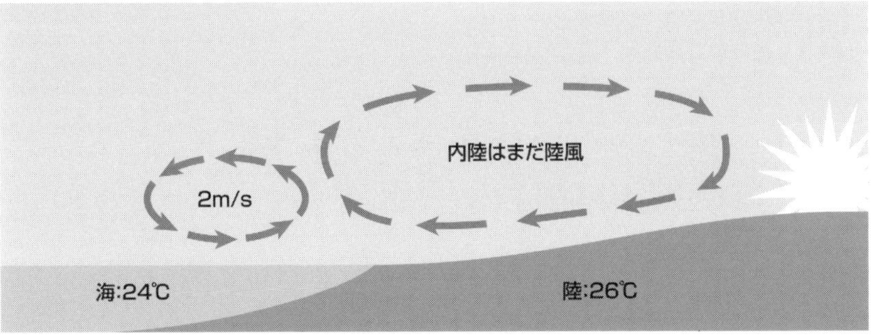

太陽が昇り、陸地の温度が上がりはじめると、それまでの陸風は内陸に向かって後退する。それを見計らって、海風が沖からそよそよと吹きはじめる。海風の発生期と言える時間帯。

【海風の発達期　13時〜16時】

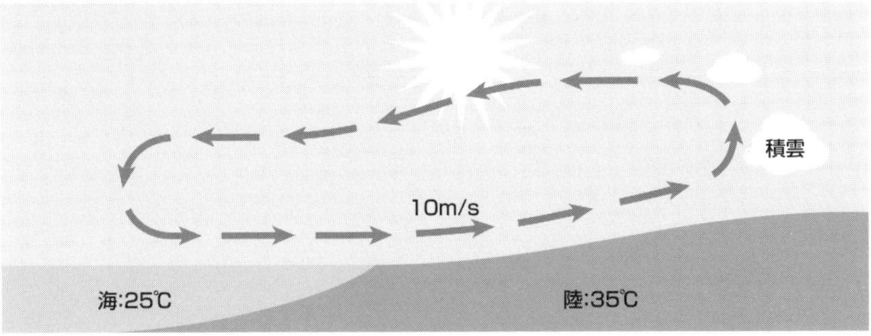

昼の間、陸地の気温が上昇することによって、陸地を海との気温差は10℃以上になることもある。したがって、海風は10m/sを超えて吹くこともしばしばある。海風の発達期といえる時間帯。

【陸風期　19時〜翌朝】

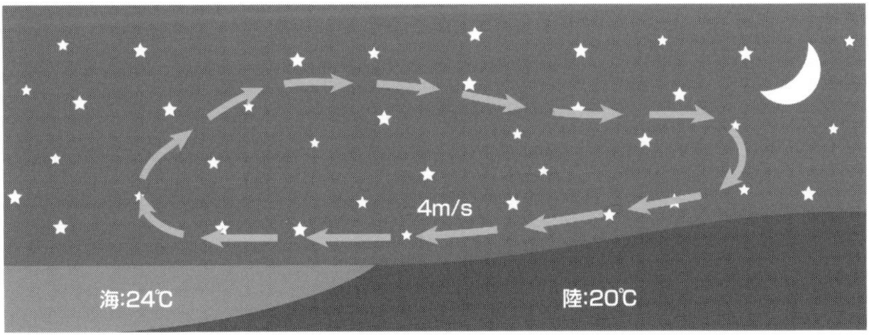

夜の間、陸地と海との温度には、大きな差は出ない。したがって、陸風はせいぜい風速4〜5m/sまでしか吹かない。海風は吹かず、陸風が吹く時間帯。

CHAPTER.3- **5**

局地低気圧

天気図上に現れる低気圧はほんの一部。ごく小さな低気圧は無数に存在する

低気圧には、温帯低気圧と熱帯低気圧の2種類があると言いましたが、これはあくまでも天気図上での話。実際は、天気図には登場しない低気圧がたくさんあります。そのような低気圧がなぜ天気図に描かれないかというと、あまりにも規模が小さくて、寿命も1日以下だからです。これらは「局地低気圧」と呼ばれ、エネルギー源は言うまでもなく熱です。

都市部では、真夏の昼過ぎに特徴的な低気圧が発生します。都市は熱の固まり。当然周囲より温度は高いはずです。となれば、この地域の空気は軽くなって上昇し、周りからは空気が流れ込んで来なくてはなりません。そして、周辺で一番温度の低いのは海。海から熱源である都市に向かって空気が流れ込み、ここに都市型局地低気圧が完成するわけです。都市部が熱源となるケースは、とくに「ヒートアイランド(熱の島)現象」と呼ばれ、地球温暖化にも大いに影響している困った現象なのです。

何より都市部はコンクリートの塊なので、熱にめっぽう弱く(熱容量が極めて小さい)、暑くなりだしたらきりがないほど高温になります。そこに勤める方々、あるいは住んでいる方々はエアコンを効かせることになりますが、部屋を冷やすということは、その分の熱を屋外に排出するということです。

屋外の気温と等しい30℃の室温を25℃にするためには、屋外に5℃分排出、つまり屋外の気温も35℃にすることになります。しかも太陽からはさらに熱を受けるので、気温はもっと上がることになります。盆地や日射が直角に差し込む山の斜面などにも熱源はあるわけで、ここでも当然上昇気流の発生、イコール低気圧が発生します。

また、森のように緑が多い場所と、そうでない裸の土地でも当然気温の上がり方は違います。熱容量が大きな緑地に比べて、熱容量が小さな裸の土地は温度の上がり方が大きいので、ここでも局地低気圧が発生することになります。グライダーや熱気球は、こうした局地低気圧による上昇気流を狙って高度を稼ぐのですが、この現象を「サーマル現象」、あるいは単に「サーマル」と呼んでいます。

夏の昼間に細かい天気図を描くと、都市部を中心に、そこかしこに局地低気圧ができるはずです。実際には、大きな気圧配置によってできる風にかき消されてしまうため、その寿命は小さいもので数分から数十分、大きいものでも半日程度となることがほとんどです。しかし、不意のにわか雨など、天候にいたずらをするのは、天気図にも登場しないこのような小さな局地低気圧であることが案外と多いのです。

関東から東海地方にかけての局地低気圧の発生例

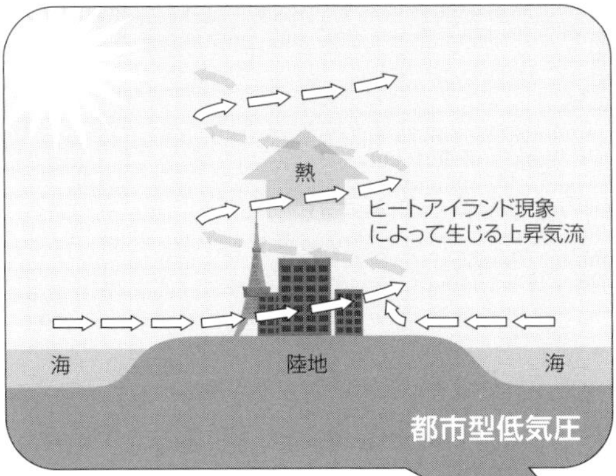

夏冬を問わず、自ら熱を出している都市部では、局地低気圧ができることが多い。ここに海からの湿った空気が入ると、大気不安定となって雲が発達する。

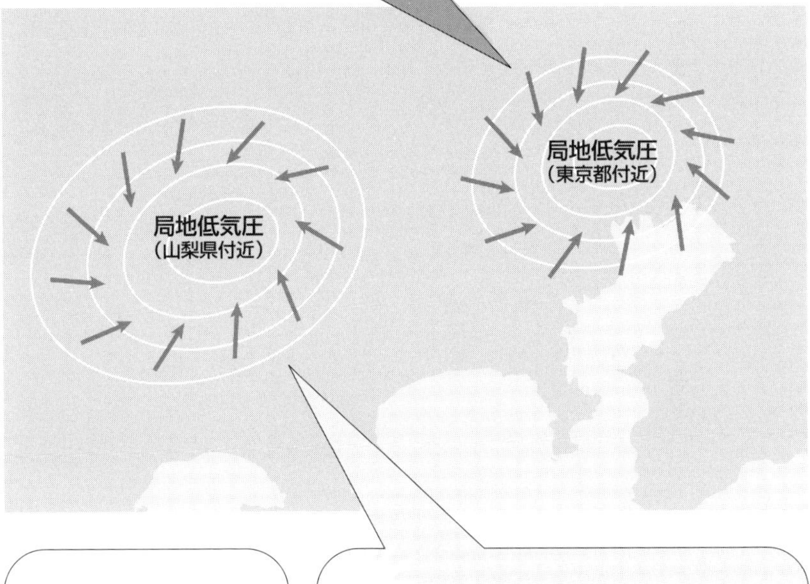

盆地も、周囲より熱くなりやすい。熱がたまって、これが上昇気流となって局地低気圧を作る。

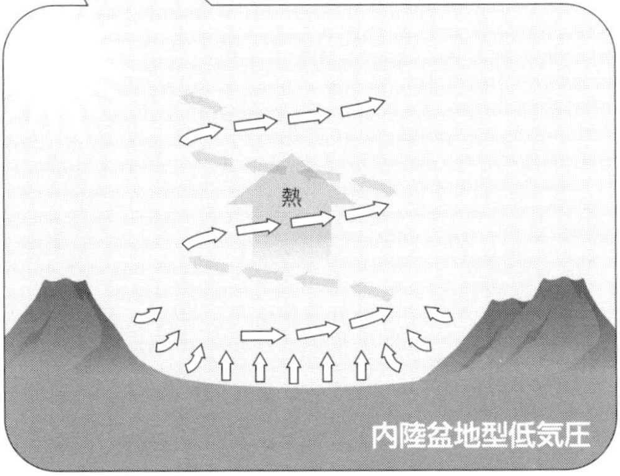

平均と最大

風速には振れ幅がある。
振れ幅＝平均風速×0.5〜1.5

気温や風、波を観察したり、それらの情報を集める時に、最も注意しなければならないのが、その数字の示す「意味」です。たとえば気温の場合、普通は最低値と最大値、そして前年や平年と比較する時に平均値が用いられます。

これに対して風や波は、比較的緩やかに変化する気温と違い、数秒ごとに上下を繰り返す非常に変動の激しい現象です。気象情報で「明日の風は○メートル」とある場合、翌日1日間（24時間）の平均風速を表しています。1日の平均風速とは、24個ある正時前10分間の平均風速をさらに平均したものですが、現実にこのような風はほとんど存在しません。少なくとも私たちが風速を測る場合、10分間も風を測って、それを平均化するなどしませんし、事実上不可能です。それより、どの程度の風速の振れ幅（最大と最小との間の幅）かを知ることの方が実用的です。

そこで、経験上ごくおおまかに言うと、たとえば予報で10m/sの風が予報されたとします。この場合、風の振れ幅は5〜15m/s、つまり平均に0.5と1.5を掛けたものが実際の振れ幅と考えてよいでしょう。瞬間の最大値は、およそ2倍の20m/sあたりです。ただしこの振れ幅は大気が不安定な場合のもので、変動が穏やかとなる曇りや雨の日では、8〜12m/s程度の振れ幅（0.8〜1.2程度かけたもの）だと想定しておくのがよいと思います。

また、予報は1日間の平均ですから、1日の前半は風が強く、後半は弱いという場合もあります。この判断を下すには、天気図上で風を吹かせる低気圧などの渦が近づいてきているのか、あるいは遠ざかっているのかなどを知っておく必要があります。また、海陸風の影響も考えなければなりません。

もっとも簡単な判断は（ただし注意は必要ですが）、いま現在で予報より風が弱いと感じた場合、予報が外れたと思わずに、これから風が強くなるであろうと考えることです。とくに10m/sを超える風が予報されている場合、かなりしっかりとした根拠があるはずです。弱い風の予想は難しくても、強い風の予報は外れないものです。

波の予報は、風よりも難しいのが現実です。複数方向からの波や海潮流の影響が無視できないからです。また、風の予想が外れれば、波も外れます。したがって、波高の予測はややおおまかにならざるを得ません。実際、波高の予測とは単なる平均ではありません。20分程度連続的に波高を観測し、高い順に並べて上から3分の1のものを平均しています。これを「有義波高」と呼び、普通波高といえばこの値になります。

風速計の記録紙

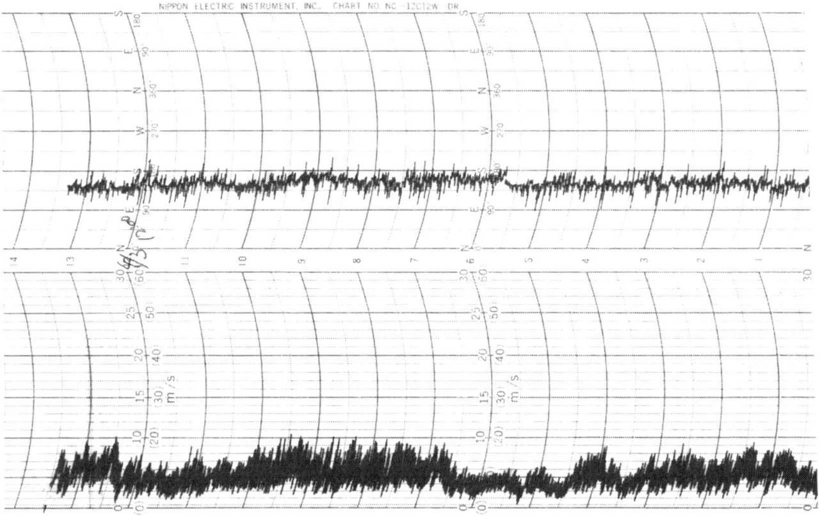

正式な数値として発表される風速は、風速計を使って計測され、計測された数値は記録紙に折れ線で記録されていく。風は一定の強さで吹いているわけではないので、記録されたグラフは細かな強弱を描くわけだ。

自分で風速を測ってみよう

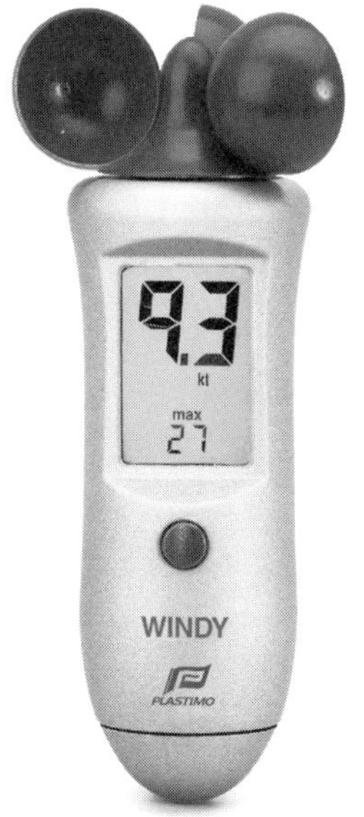

とくにレースを行うヨットでは、風向に加えて風速を知ることも、大切な要素だ。左は据え置き型の風向･風速計。マストに設置されたセンサーで計測されたデータが、画面に表示される。右のように、自分の手で持って測るタイプのハンディー風速計も便利。風車の部分が回って、風速を測る。

CHAPTER.3- 7

上層天気図の活用

普段見ているのは地上の天気図。上層の天気図からも先の変化を読む

規模が大きくて寿命が長い気象現象については、ラジオやテレビなどの天気予報に観天望気を加えて精度のアップが見込めるものの、問題は寿命数時間以内の小さな気象現象です。局地的な雨や突風などは起こる可能性があっても、どこで起こるかは分からないという場合、逆にいつどこにでも起こる可能性があると思っていなければなりません。海上に怪しい雲を見つけた時、足の遅い船はすでに手遅れ。出航前から荒天に対して、あらかじめ準備を整えておく以外にありません。

ところで、私たちが普段新聞やテレビで目にする天気図は地表面でのもので、「地上天気図」と呼ばれます。しかし、地上天気図を基にした予測では、地上の細かい凹凸や水面などがノイズとなり、1週間もの先を予測するには誤差が無視できません。

そこで注目したいのが上空5,500m付近の状態です。この高度は大気の厚さのほぼ半分にあたり、地球をめぐる平均的な大気の動きが最も分かりやすいのです。

そのために作成されているのが「500hPa高度天気図（hPa＝ヘクトパスカル）」です。これは気圧が500hPaとなる高度を図にしたものですが、よく耳にする「上空の寒気」もこの図から見てとれます。500hPaの高度が低い地域は「気圧の谷（低圧場）」、高い地域は「気圧の尾根（高圧場）」となり、北極や南極の周りを蛇行しながら周回している偏西風の動きをとらえることができます。

偏西風の蛇行が大きくなれば、北極や南極から寒気がはみ出すことになり、その前後で温度差が大きくなって低気圧が発生、発達します。これらの低気圧は北東へ進むはずで、「北上する低気圧は発達する」と言われる所以がここにあります。

500hPa高度天気図を見るためには、気象ファクスやインターネットが必要です。偏西風の蛇行は1週間以上続くことも稀ではないため、天気予報で耳にする「上空の寒気」や「偏西風の蛇行」などという言葉を理解しておくと、そのあと数日間の気象情報が得られなくても、先を予測できることがあります。たとえば、気圧の谷や寒気が現在地より西にある場合、天候は下り坂と考えてよいでしょう。

天気の予想を仲間たちと語る時に、「谷は……」や「寒気が……」などからはじめれば、あなたは一人前の予報士として、一目置かれるかもしれません。

「所により」は自分の所と思うこと。「上空に寒気」という言葉を見逃さないこと。「大気が不安定」という言葉は要注意。「寒冷前線」は前者二つを兼ねることも。「気圧の谷」は悪天の前兆。重要なポイントは五つです。

地上天気図と上層天気図

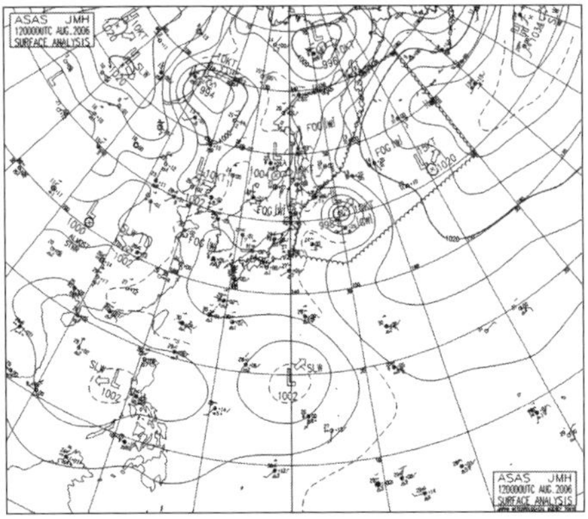

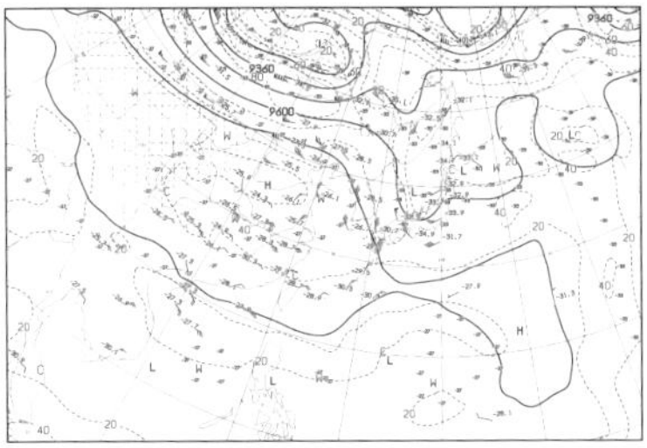
ANALYSIS 300hPa: HEIGHT(M), TEMP(°C), ISOTACH(KT)

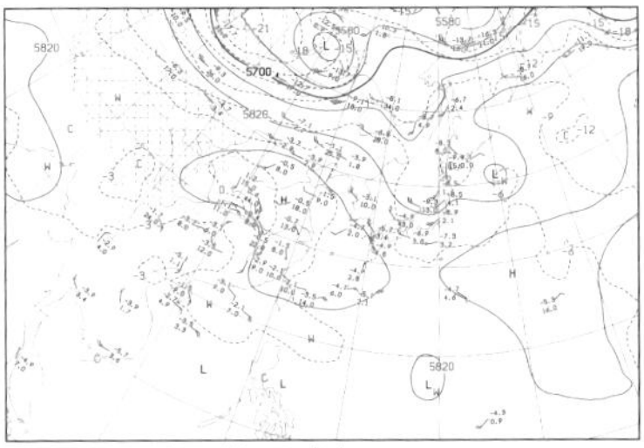
ANALYSIS 500hPa: HEIGHT(M), TEMP(°C)
AUPQ35 120000UTC AUG 2006 *Japan Meteorological Agency*

同日同時刻の地上天気図（左上）と300hPa上層天気図（右上）、500hPa上層天気図（右下）。上層天気図は、地上天気図と比べると、単純な形をしている。ポイントは実線で示される等高度線の蛇行と、点線で示される上層寒気。北寄りの風が強いところでは、この風が地表に降りてくる可能性がある。

北半球と南半球の500hPa上層天気図

Gpm[m](500hPa) 08/10/02 09 JST north

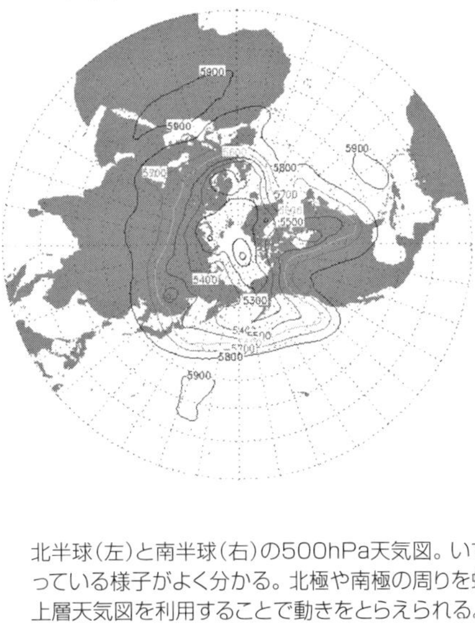

Gpm[m](500hPa) 08/10/02 09 JST south

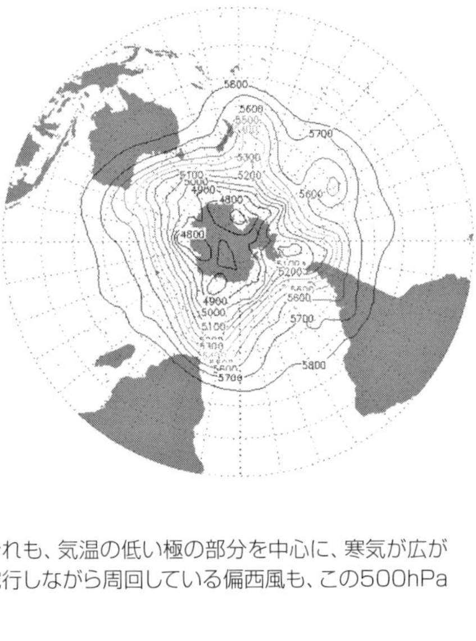

北半球（左）と南半球（右）の500hPa天気図。いずれも、気温の低い極の部分を中心に、寒気が広がっている様子がよく分かる。北極や南極の周りを蛇行しながら周回している偏西風も、この500hPa上層天気図を利用することで動きをとらえられる。

日本の四季「春」

偏西風の蛇行により寒気と暖気がぶつかりあい、低気圧が急速に発達する

日本のような中緯度（赤道と北極、南極の中間部分）に位置する地域には、四季があります。これは太陽に対して、地球の自転軸が23度ほど傾いていることに起因します。太陽から受ける熱エネルギーは、日射に対して直角になるときが一番大きく、斜めになるほど弱くなります。日射が直角に近いほど「太陽高度が高い」と言いますが、最も高くなるのが夏で、低くなるのが冬、その中間が春と秋というわけです。

春は、太陽高度が次第に高くなっていく、気温の上昇期にあたります。冬の間に幅を利かせていた大陸の冷たい空気に代わって、徐々に南方の海から暖かい空気が北上してきます。

ただし実際の気温の上がり方は一進一退。春が来たかと思いきや、一転して冬に逆戻りという状態を繰り返します。冷たい空気と暖かい空気、相反する性質の空気がぶつかり合うことで、地上では低気圧を生むのですが、その場所がちょうど東シナ海から日本付近になります。上空での寒暖のぶつかり合いは、偏西風を大きく蛇行させ、早くて2日、遅くても4日程度の間隔で天候が変わります。

このあたりの様子を少し詳しく見てみると、はじめ黄海か沖縄の北、東シナ海辺りに低気圧が現れ、発達しながら日本海へ、あるいは本州の太平洋沿岸を北東に進んで行き、北海道の東海上か三陸沖に抜けるのが通常のパターンです。低気圧が日本海を進む時は南寄りの風、太平洋沿岸を進む時は東寄りの風が強まり、本州の東海上に出てからは北西寄りの風が強まって、一時的に冬に戻ったような天候になります。時に中心気圧は台風並みにまで下がり、北日本の海上では大時化となることがあります。

この低気圧は真東ではなく、必ずと言っていいほど、東北東か北東へと進みます。上空5,500m付近で蛇行している偏西風が日本の西で南に大きくはみ出して、それまでブロックされていた北極からの寒気が低気圧の後ろ側に入り込みます。寒暖の境目では猛烈な対流現象が起こり、低気圧は急速に発達することになります。

このように偏西風の蛇行は春の天気に大きく影響するのですが、この蛇行のうち南にうねっている部分を「気圧の谷（トラフ）」、北にうねっている部分を「気圧の尾根（リッジ）」と言います。気圧の谷が日本の西にある場合が「西谷」で、これは天候が悪化する前兆であり、逆に気圧の尾根が近づいてくれば、移動性高気圧に覆われて束の間の晴天が見込めます。また、移動性高気圧は幾分南寄りに膨らみながら移動します。この気圧の谷と気圧の尾根の繰り返しが、春の周期的な天候の変化を生んでいるというわけです。

春に多く見られる、上空の偏西風と地上の気圧の位置関係

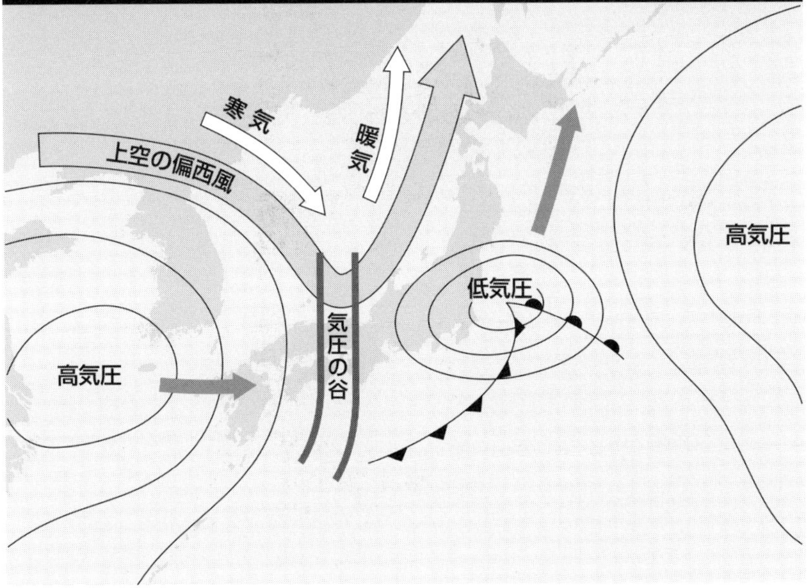

上空の気圧の谷を中心に、東側に地上低気圧、西側に地上高気圧が位置するのが基本のパターン。これら地上の気圧は、偏西風の蛇行に沿って移動する。上は、本州の西に気圧の谷がある「西谷」。日本の天気は、低気圧によって崩れることが多い。

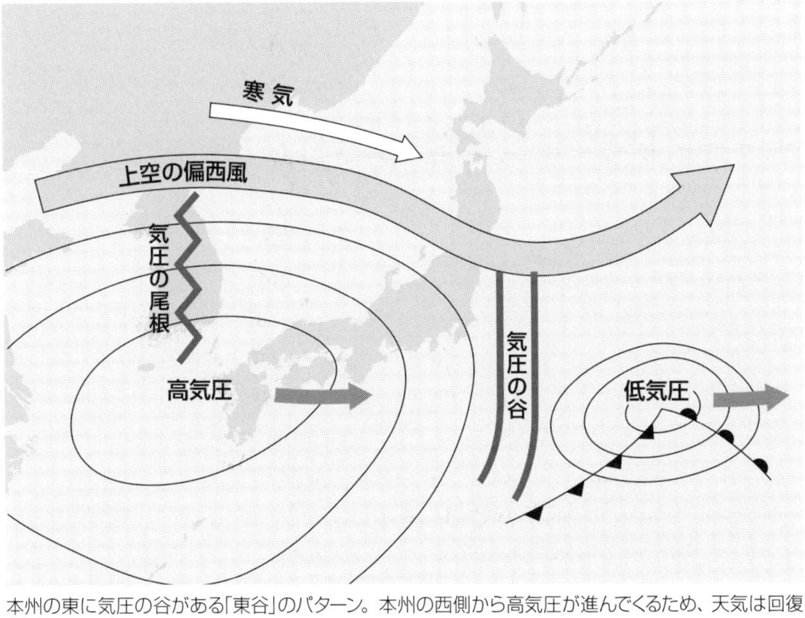

本州の東に気圧の谷がある「東谷」のパターン。本州の西側から高気圧が進んでくるため、天気は回復していくことが多い。

CHAPTER.3- 9

日本の四季「夏」

北と南の高気圧が競り合って梅雨前線に。時には南が負けることも

日射が北半球側で直角に差し込む頃、赤道の北で最も対流活動が盛んになり、亜熱帯高気圧も勢力を増して日本付近を覆うようになります。ただし、その前にある梅雨を忘れてはいけません。

北海道の北にあるオホーツク海という冷たい海が、北極からの寒気に残された最後の溜まり場となり、冷たいオホーツク海高気圧が生まれます。ところが梅雨の時期、南方の海からは暖かい亜熱帯高気圧が勢力を広げ、日本付近に迫ってきています。この両者は性格の不一致で仲がよろしくない。そこでこの両者の境界線には「梅雨前線」と呼ばれる停滞前線ができ、長雨を降らせることになるのです。

両高気圧のにらみ合いは、6月から7月のおおむね1カ月間で、普通はそのあと亜熱帯高気圧が勝って盛夏となります。ただし、時折、オホーツク海高気圧が勝つこともあり、その場合は東北地方を中心に冷たい東寄りの風「やませ」が吹いて冷夏となります。

つまり亜熱帯高気圧の勢力次第で夏は決まるというわけですが、この出来不出来は何によって決まるのでしょうか。亜熱帯高気圧は赤道付近で暖められた空気が上昇して北へ向かう途中に一旦降りてきたものです。赤道付近の上昇気流が不活発になると、当然下降気流の勢力も衰えます。赤道付近の海水温度が平年よりも低めになると、亜熱帯高気圧の勢力も弱まるわけです。

では、なぜ赤道付近の海水温度が低めになるのでしょう。この原因こそが、近年よく耳にする「エルニーニョ現象」です。赤道の北側には、東寄りの貿易風が吹いています。東寄りの風は表面の海水を西へ運ぶことになるため、普通、海面の温度は東のアメリカ大陸側より西のインドネシア側で高くなっています。ところが、ある時この貿易風が弱まると、西側に溜まっていた暖かい海水は東へ移動しはじめるのです。

こうなると、日本直下の赤道付近で海水温度が平年より低くなり、逆に太平洋の東側から南米沖で海水温度が高くなります。これがエルニーニョ現象で、昔はキリストの誕生日頃に起こったことから、スペイン語の「神の男の子」にちなんで名づけられました。日本直下の赤道付近で海水温度が低いと、亜熱帯高気圧の源となる大気の対流が不活発になり、結果として日本は冷夏になるという仕組みです。これとまったく逆の現象も観測されており、神の女の子という意味の「ラニーニャ現象」と呼んでいます。

このように遠く離れた場所で数年に一度起こる気象や海況の変化が、日本まで影響してくる様子は「テレコネクション」と呼ばれ、今では長期予報の重要な指標となっています。

関東から西日本にかけての梅雨明け頃の気圧配置

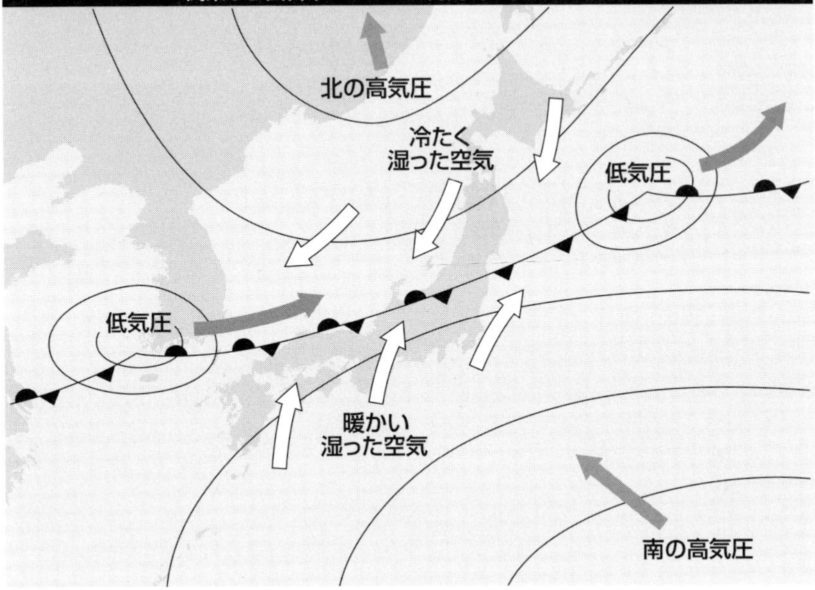

北の高気圧はさらに後退。南の高気圧が北に上って前線が消えると、盛夏となる。

典型的な冷夏の気圧配置

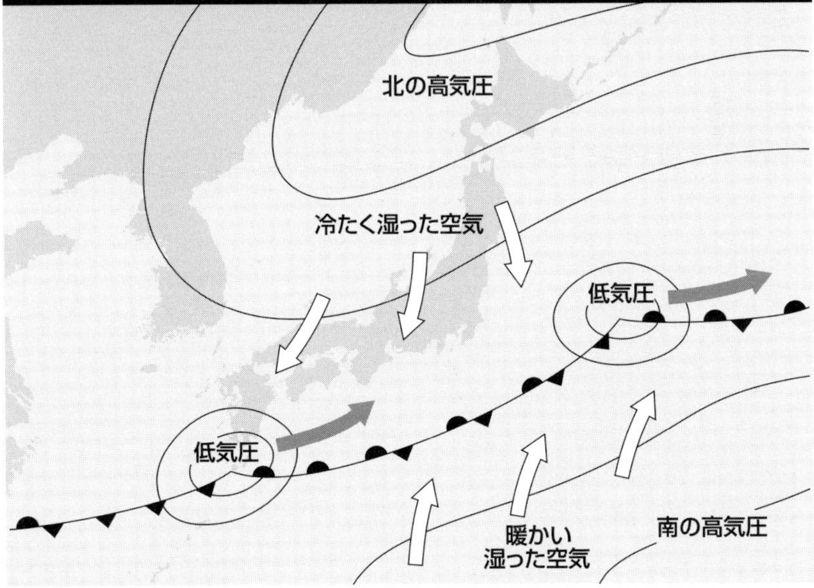

北の高気圧が強く、南の高気圧が弱いという、典型的な冷夏の気圧配置。いつまでも本州南岸に前線が停滞し、そのまま秋を迎える。

CHAPTER.3- **10**

台風の進路予測

予報円の気象庁、線一本のJTWC。
正確さではなく、目的が違う

台風が発生するのは一般に海水温度が26～27℃以上の海域だと言われており、太平洋の北緯10～20度間で発生数全体の60%を占めています。赤道を挟んで南北5度以内の海域では、台風はおろかその卵である熱帯低気圧が発生することもほとんどありません。

衛星写真を見れば、赤道付近に常駐している大きな積乱雲を確認できますが、それらが渦を巻きはじめているのは、赤道から少し離れた地点からです。このあたりは常に東寄りの風が吹いていますが、この風が南北に波打つようになる場所で、風が渦を巻きはじめると言われています。

現在、日本国内で提供される台風情報は気象庁のものが唯一ですが、これは防災という観点から、情報源は一つにすべきという考え方に基づいています。しかし最近は、米軍の台風情報ウェブサイトを利用する人も増えているようです。ハワイにある「海軍太平洋気象海洋センターの合同台風警報センター」、通称「JTWC」が作成する台風情報で、対象は太平洋とインド洋です。本来は米軍の軍事目的の情報であることから、一般のユーザーは遠慮するようにとの旨が明記されています。

気象庁とJTWCのどちらの情報がより正確かという質問を受けることがあります。統計があるわけでもないので何とも言えませんが、両者の目的が異なることだけは確かです。

JTWCは熱帯低気圧の発生する以前からきめ細かく予報を出していますが、これはグアムから沖縄までに展開している軍事施設への影響を考えてのこと。またJTWCの予報は、気象庁のように予想進路を確率で表した予報円ではなく、ポイントからポイントへ、大胆に線一本で描かれたものとなっています。台風の予想進路が時間と共に広がるような情報では、軍隊としての統制された作戦行動に支障をきたすからです。したがって最新の予報を見ると、直近のものからまったく異なる進路に更新されていることもしばしばで、面食らうこともあります。

JTWCの予想進路は単純明快ではあるがゆえに、気象庁よりも正確だと思われがちですが、必ずしもそうではありません。一方、気象庁の進路予想は、時間の経過とともに予報円が広がっていきますから、どこにでも台風が向かう可能性があるように見えてしまいます。こんな時は、いったいどっち? と思わず聞きたくなりますが、JTWCとは違って、不特定多数に情報を提供しているのですから、注意を喚起する上では、進路予想の範囲が広がるのも致し方ないでしょう。どちらを利用するにしても、台風情報を都合のよい方に解釈してしまうことが、最も危険な行為です。

気象庁の台風進路予想図

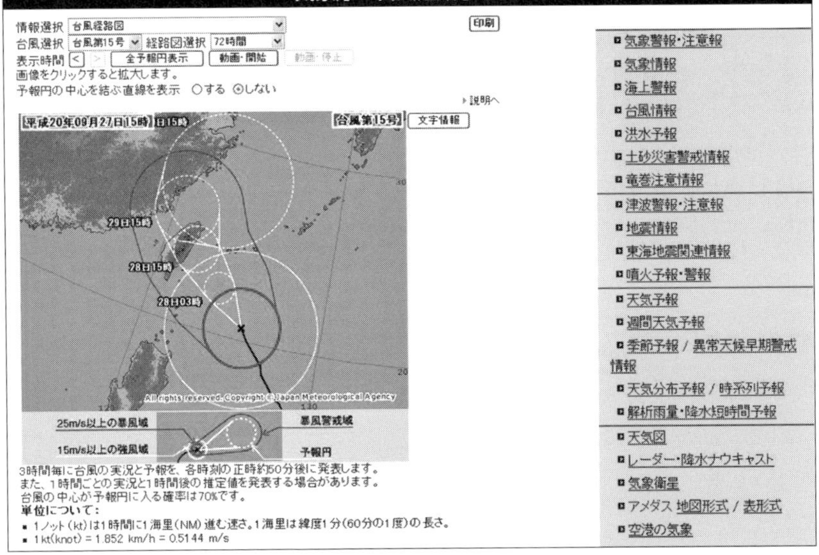

気象庁(http//:www.jma.go.jp/)が発表する台風の進路予測。時間の経過とともに、予報円の大きさは広がっていく。予報円は、円内に台風が進む確率が70%以上であることを示す。多くの人たちに注意を喚起する意味では、理にかなっていると言えよう。重大な災害を引き起こす可能性があることから、日本国内では気象庁以外が台風の進路予測を発表してはいけないことになっている。

JTWCの台風進路予想図

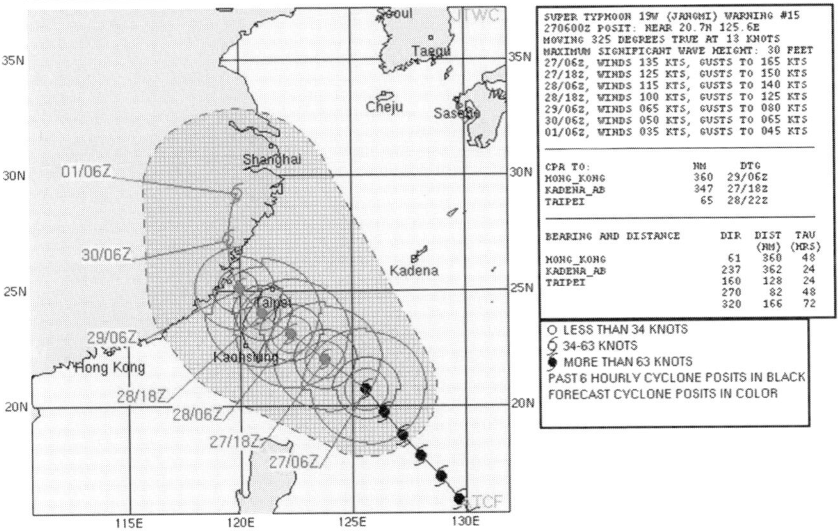

米国海軍管轄の合同台風警報センター(JTWC:Joint Typhoon Warning Center)のウェブサイト(http://metocph.nmci.navy.mil/jtwc.php)で、同時刻に台風の進路予測を見てみた。こちらは、進路が1本で示されており、発生から現在位置までの線も表示されている。軍事目的に使われるため、情報は頻繁に更新され、ガラリと変わることも多い。

CHAPTER.3- **11**

日本の四季「秋」

冷たい空気との温度差で、台風が巨大温帯低気圧に変貌することも

夏から秋に向かう時は、春から夏の場合とまったく逆で、日を追うごとに太陽高度が低くなっていき、太陽から受け取る熱エネルギーが少なくなります。大陸の空気は次第に冷やされて重くなり、下降気流となります。夏の間は暖められて、低気圧を作り出していた大陸の空気が、今度は背の低い高気圧、すなわち冷たい高気圧を生みだします。一方、夏を演出していた優勢な亜熱帯高気圧も徐々に衰えはじめ、東または南へと後退します。その結果、北にある冷たい高気圧と暖かい亜熱帯高気圧が再び日本付近でぶつかり合い、春から夏へ季節が変わる時と同じような気象現象が起こります。

9月中旬から10月中旬頃にかけて、冷たい高気圧と暖かい高気圧の境界線に「秋雨前線」と呼ばれる停滞前線ができ、梅雨前線と同じように「秋りん」と呼ばれる長雨を降らせます。数日おきにこの秋雨前線上に低気圧が発生し、日本付近を西から東へと進むのは、春から梅雨の時期と同じです。また、偏西風が大きく蛇行しているのも同じで、低気圧と次の低気圧との間には移動性高気圧があり、日本付近に秋晴れの天気をプレゼントしてくれますが、決して長続きはしません。

亜熱帯高気圧の衰えは、台風の進路にも大きな影響を与えます。沖縄地方では8月の台風接近数が平均2.4個であるのに対して、9月は1.5個に減少します。ところが本州では、8月も9月も1.6個で変わりません。亜熱帯高気圧が東へ後退することで、台風の進路も本州付近へと移動していることを意味します。

また、秋の台風は、夏の台風と違って南方の海上をうろつくことなく、真っすぐに北上します。そのため、最盛期の勢力を保ったまま日本へ接近してくることがあります。

それともう一つ、気をつけることがあります。台風のエネルギー源は熱帯海域で補給した大量の水蒸気ですが、北上して日本付近に近づくにつれ、性質が大きく変化することがあるのです。北の空気はすでに冷たく、普通に考えると台風は衰えてもおかしくありません。ところが台風が運んでくる南からの暖かい空気と、冷たい北の空気との間で大きな温度差ができ、これをエネルギー源として台風が巨大な温帯低気圧へと変貌するのです。台風の場合は暴風域が中心付近に集中しているのに対して、発達した温帯低気圧の場合は暴風域が広範囲に及びますから、海上では長時間にわたって時化が続くことになります。台風並みに発達した温帯低気圧などという言葉をよく耳にしますが、台風から変貌した巨大な温帯低気圧は、時に台風以上の荒天をもたらすことがあるので、十分な注意が必要です。

秋に台風が日本に接近するパターン

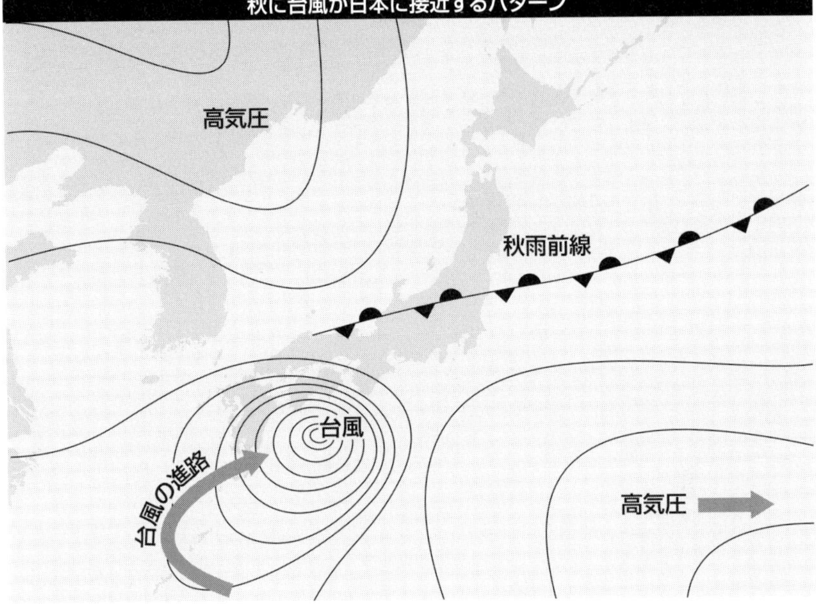

太平洋高気圧の東への後退で、台風の進路は日本付近に接近するものが多くなる。本州には秋雨前線が停滞し、南北で温度差が大きいことを示している。

秋に台風がさらに発達するパターン

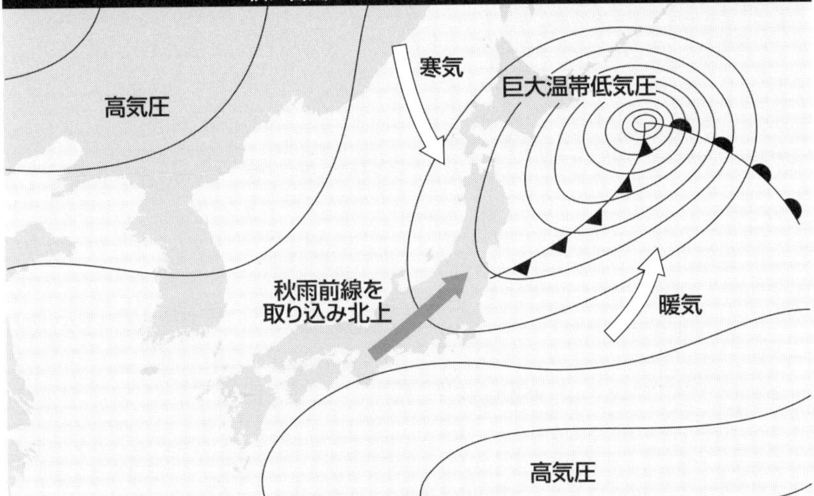

秋雨前線を取り込んだ台風は、それまでの水蒸気エネルギーから温度エネルギー主体の温帯低気圧へと姿を変え、さらに発達していく。

CHAPTER.3- **12**

日本の四季「冬」

典型的な冬型「西高東低」には、押しの季節風と引きの季節風とがある

冬の天気予報で最もよく耳にするのが「西高東低」という言葉。読んで字の如く、日本付近を真ん中にして西に高気圧が、東に低気圧がある気圧配置を意味しています。

西側、つまり大陸にある高気圧は、北極からの寒気の影響で猛烈に冷たくなっているのに対し、本州付近を通過した低気圧は東側に暖かい空気を持っており、温度差が非常に大きくなります。そのため、低気圧は日本の東海上で発達し、日本付近には冷たい北西寄りの季節風(冬特有の風)をもたらします。この北西寄りの季節風、西の高気圧から吹き出されているような場合を「押しの季節風」、東の低気圧に吸い込まれているような場合を「引きの季節風」と呼んでいます。

冬型の気圧配置で注意しなければならないのは、強い季節風もさることながら、海上で大気が不安定になることです。大雑把に言うと、真冬の海水温度は日本海側で平均10℃前後、太平洋側では15℃前後でしょう。ここにマイナス30℃の寒気が舞い降りると、温度差は日本海側で40℃前後、太平洋側では45℃前後にもなります。

温度差だけを考えると、これは真夏の状況とまったく同じです。激しい対流の起こる条件が整いますから、積乱雲や雷雲がいつできてもおかしくありません。海面で暖められた空気が1万m以上まで上昇し、代わりに周囲から冷たい空気が吹き込んでくる、あるいは上空から寒気が吹き降りてくるといった現象が起こります。

日本におけるヨットの長距離レース「ジャパン〜グアムヨットレース'92」がスタートしたのは1991年12月26日のことでした。レース当日は本州の南を低気圧が通過、太平洋側の各地で初雪が観測されました。翌々日の28日には日本海にも低気圧ができて(このような状況を二つ玉低気圧と言う)、12月29日にはこの二つの低気圧が北海道の東で一つにまとまりました。中心気圧は966hPaでまさに台風並みとなり、同時に寒冷前線が南下してきたため、海上は大時化に。2隻のヨットが転覆し、8人もの犠牲者を出してしまったのです。

同日、関東上空の温度はマイナス33.5℃、黒潮が流れる海面付近になると上下で50℃以上の温度差ができていたかもしれません。救助にあたった巡視船が波高10mと報告していることから、風速は25〜30m/s、風力10〜11だったと推定されます。

冬の海では時折風が上空から落下してくることがあります。天気図から推測される風速を鵜呑みにしてはいけません。風の強さは推測値の2〜3倍に達することもあるので、低気圧の後側の風にはくれぐれも注意が必要です。

押しの季節風

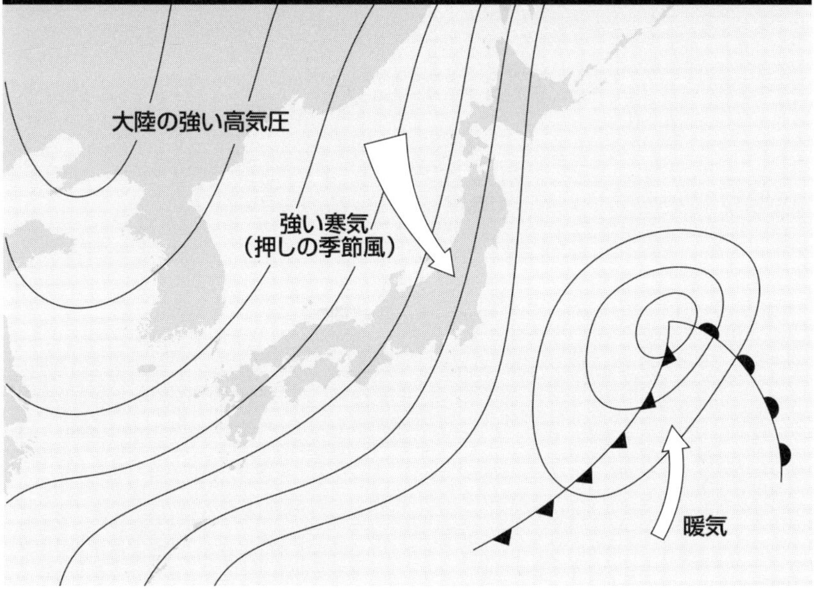

西高東低の気圧配置で、見るからに高気圧の方が強い場合、高気圧から吹き出す風を「押しの季節風」と言う。日本列島の広範囲で、比較的長時間、強風が続くことが多い。

引きの季節風

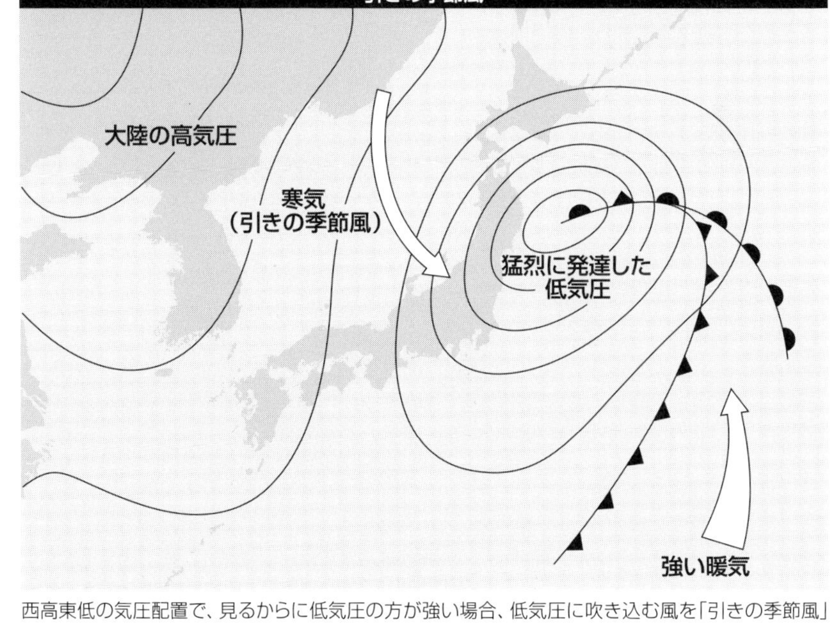

西高東低の気圧配置で、見るからに低気圧の方が強い場合、低気圧に吹き込む風を「引きの季節風」と言う。低気圧周辺で強風が吹くが、その範囲は限られることが多い。

CHAPTER.3- **13**

雲を読む①

発生の仕方が異なる「層状雲」と「対流雲」。雲の種類と表情から、天気を読み解く

少し文学的な言い方をすると、雲は空の表情。「今にも泣き出しそうな空」などという言葉を耳にしますが、雲はまさに今日、明日の天候を暗示してくれます。屋外スポーツを安心して楽しむなら、雲の基本的な形と、それが暗示する先の天候を覚えておいて損をすることはありません。というより必須条件でしょう。

言うまでもなく、雲は空気中に含まれる水蒸気が水滴や氷となったものの塊で、湿った空気が対流現象を起こすその過程でできあがります。雲がないということは、上昇する気流がないか、あっても大気が乾燥しているかのどちらかということになります。

雲には大きく分けて2種類があります。一つは「層状雲」で、およそある一定の高度に広く水平にでき、高度別に分けると「上層雲」「中層雲」「下層雲」となります。もう一つは「対流雲」と呼ばれるもので、底から頂上まで背が高いことが特徴です。その名の通り、空気の活発な対流現象によってできる雲です。

もちろん、層状雲も空気が対流する過程でできることに変わりありませんが、あえて対流雲と区別されるのは、その対流がゆっくりであったり、対流の上下幅が小さいからです。このことから、層状の雲は低気圧の前方、つまり温暖前線付近にでき、対流雲は低気圧の後ろ側、つまり寒冷前線付近にできることが多いと言えます。

層状の雲のうち、最も高高度でできる雲は「巻雲」という刷毛で掃いたような雲ですが、刷毛の先端部で最も風が強いことを表しています。巻雲は日本付近では秋や春の間に多く見られ、上空を吹いている偏西風の強風軸（ジェット気流）付近に出ることが多いので、巻雲の流れる方向から上空にある偏西風の流れを見ることができます。また低気圧が接近する数日前によく出ることから、天気が下り坂になるサインとも言えます。巻雲が出たあと、時間の経過とともに雲の量が多くなり、なおかつ次第に上層、中層へと雲の底が低くなってくれば、すでに天気は確実に下り坂へ差しさかっていると考えた方がよいでしょう。巻雲は夏の発達した積乱雲の頂上付近にも見られ、巻雲の流れから積乱雲の進路を予測することができる場合もあります。

一口に○○雲といっても、その時々の大気の状態でさまざまなバリエーションがあり、これを細かく分類していくのは至難の業。そんなことより、雲の高さや雲の量を一定間隔でチェックする方が実用的で重要です。全天が雲に覆われ、太陽の光が差し込まなくなれば、こういった雲を「乱層雲」、別名「雨雲」と言いますが、温暖前線がもうすぐそこまで近づいている証拠です。

気圧配置の立体図

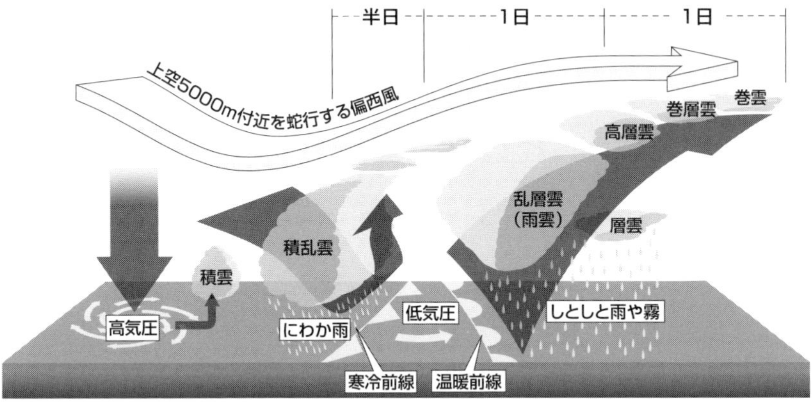

平面的な地上～上層天気図を斜め横から眺めた図。地上から上層に至る大気の流れと、そこでできる雲や天気現象に注意したい。低気圧の接近に伴う巻雲の先端から、寒冷前線に伴う積乱雲の通過まで、およそ2.5日程度。上空の偏西風の強さによっては、2～3日程度の幅がある。

写真で見る層状雲のいろいろ

【層状雲】

【対流雲】

雲には大きく分けて「層状雲」と「対流雲」の2種類がある。ある一定の高度に水平に広がるものが層状雲で、空気の対流現象によって発生する背の高い雲が対流雲。左2点は層状雲で、上から「巻雲」と「高層雲」。右は対流雲で、上から「積雲」と「積乱雲」。

CHAPTER.3- **14**

雲を読む②

上下で気温が逆転して霧に。冷たい地面や海面、温暖前線でも発生

数ある雲の中で注意しなければならないものの一つに「層雲」があります。ほとんど地表か海面から数百m、高くても2,000m程度にしか達しないこの雲は、「霧雲」とも呼ばれています。

登山をされる方なら、山頂に上った時、眼下一面に広がる層雲を幾度となく見たことがあるでしょう。山頂から見下ろしたこの層雲は、「雲海」と呼ばれています。層雲はほかの雲と同様に空気の対流からできているにもかかわらず、極めて地表面に近いところで発生することが特徴です。つまり層雲ができているということは、とても湿った空気の層が地表面にあるということです。

層雲の縦方向の温度分布を見ると、意外な結果が表れていることがあります。層雲のある下層に比べて、層雲のない上層の方が気温が高くなっているのです。これを「気温の逆転層」と呼びますが、普通は高度が増すごとに気温が低くなるのに対して、何らかの原因でそれが逆転してしまうのです。

気温の逆転層が発生する原因には、大きく三つが考えられます。一つは、地面や海面、湖面の温度が低く、そこに接する空気が冷される場合です。とくにこれを「接地逆転層」と呼びますが、南寄りの風が多く吹く初夏以降、三陸沖から北海道太平洋岸でこの現象がよく見られます。暖かい空気が冷たい海上に流れ込み、気温の逆転層ができるのです。冬の夜、地面が急速に熱を失うことでも気温の逆転層は発生しますが、この場合、日の出とともに地表面は再び温められるため、逆転層も霧も消えてしまいます。

次に、低気圧の進行方向に発生する温暖前線付近で、気温の逆転層ができることがあります。温暖前線とは、冷たい空気の上を、暖かい空気がなだらかに這い上がっていく現象なので、当然、下層より上層の気温が高いということになります。この場合の逆転層は、空気の移流によってできることから「移流逆転層」と呼ばれます。以上、二つの逆転層は霧を発生させることになるので注目してください。

三つ目は、背の高い高気圧による気温の逆転です。背の高い高気圧は、はるか上空からの下降気流でできていますが、空気は強制的に圧縮されて熱を持ちます。一方、海面から対流現象によって上昇気流が起きていると、上空で両者がぶつかり合い、その境目周辺で気温の逆転層ができます。「沈降逆転層」と呼びますが、性質の異なる空気が上空でミーティングする場合に起こりやすいと思えば分かりやすいでしょう。大洋の貿易風帯や、寒波がなだれ込む冬の日本海などの上空、おおよそ高度2,000m付近でよく発生する現象です。

気温が逆転するパターン

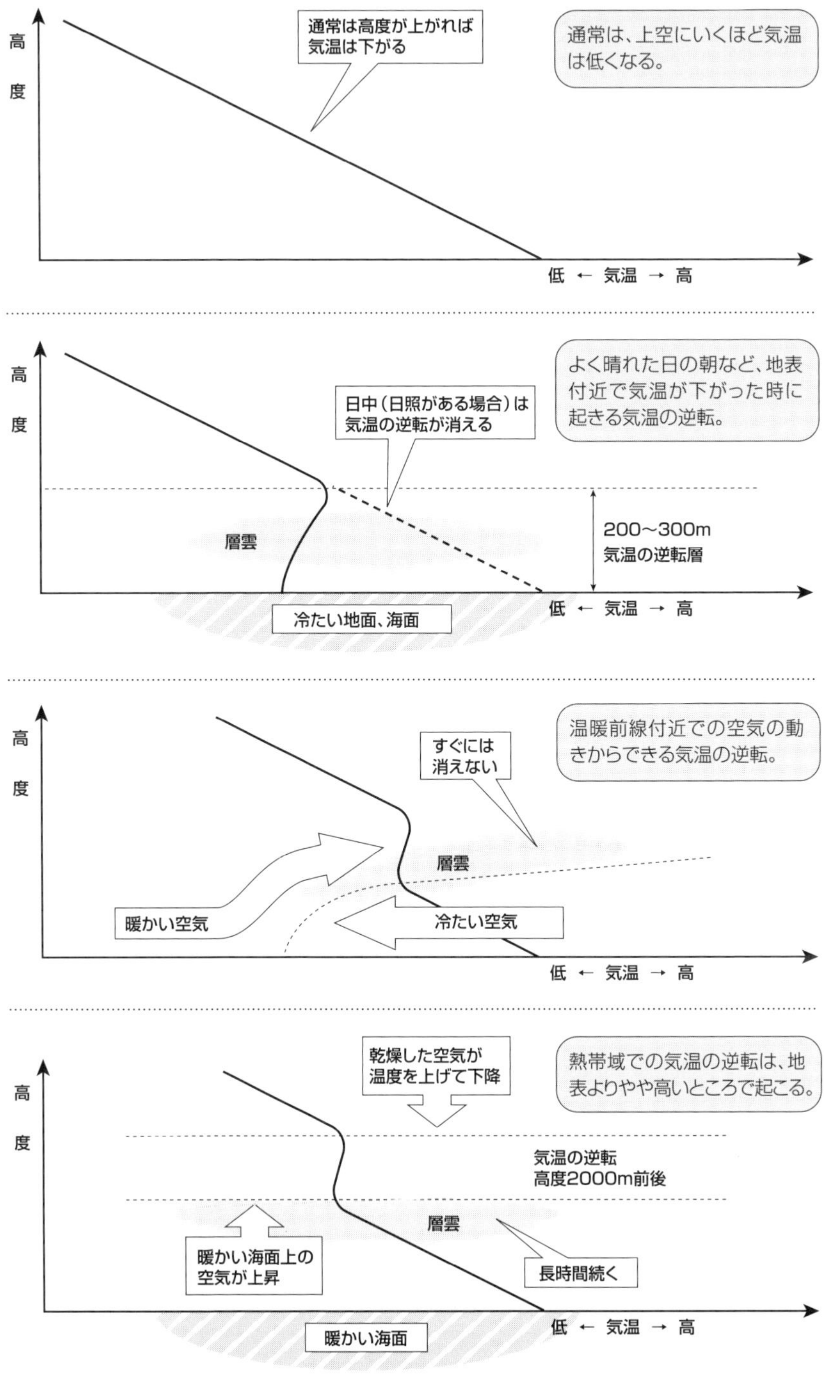
通常は高度が上がれば
気温は下がる
通常は、上空にいくほど気温は低くなる。
高度
低 ← 気温 → 高
日中（日照がある場合）は
気温の逆転が消える
よく晴れた日の朝など、地表付近で気温が下がった時に起きる気温の逆転。
層雲
200～300m
気温の逆転層
冷たい地面、海面
高度
低 ← 気温 → 高
すぐには
消えない
温暖前線付近での空気の動きからできる気温の逆転。
層雲
暖かい空気
冷たい空気
高度
低 ← 気温 → 高
乾燥した空気が
温度を上げて下降
熱帯域での気温の逆転は、地表よりやや高いところで起こる。
気温の逆転
高度2000m前後
層雲
暖かい海面上の
空気が上昇
長時間続く
暖かい海面
高度
低 ← 気温 → 高

海の気象屋日記
Vol.3

アテネの空に日の丸を！

2004年のアテネ五輪の際、私はJOC（日本オリンピック委員会）から、サポートチーム気象担当という任務をいただきました。前年には20日間におよぶ事前の現地調査を行うなど、万全の体制で臨みました。本番の出発前にはマスコミの取材攻勢がありましたが、気象予報士をオリンピックに送るのは初めてということで珍しがられたようです。

実は大会期間中、私は一度もセーリング競技の会場には行きませんでした。というより、中に入れなかったのです。欧米各国のチームは気象の専門家を帯同していましたが、そうでない国との間に不公平が生じるとの理由から、気象情報は大会側から発表されるものを利用することとされました。

我々気象屋は、会場の外に出されてしまっただけでなく、観測機器の設置も許されませんでした。そこで、選手への情報提供に使ったのがEメール。早朝と午後の2回、塀の外から気象情報を送信したのです。

ところで、気象情報はそれだけで選手が有利になるというものではありません。情報を持っている選手も、そうでない選手も気象条件は同じです。しかし、情報を前もって知ることができれば、レース前のいろいろな準備が可能となります。また、心にゆとりができたり、たとえ自分にとって不利な気象条件でも面食らわずに済むなど、情報を持っていない選手より精神面で有利になるはずです。事前に気象の特徴を知っておけば、急な変化にも対応策が取れるでしょう。

アテネ五輪の日本チームは、史上最高のメダル獲得数という結果を残しました。幸運な巡り合せに自分でも驚いています。

本番1年前の事前調査のため、セーリング競技の会場に観測塔を設置し、データの収集作業に励む筆者

CHAPTER 4

第4章

異常気象

地球温暖化がもたらすもの

天気予報を理解し、上手に活用するための基本について解説してきました。
しかし最近では、従来の自然現象の常識を超える、
「異常気象」と呼ばれる現象が数多く見られるようになっています。
さまざまな異常気象の原因の解明が図られていますが、
その多くは「地球温暖化」が元凶だと言われています。
地球温暖化は生態系を破壊し、
やがては確実に人間の文明社会にまで忍び寄ってくるでしょう。
地球上の気象は、水や空気、そして太陽の熱がすべて連動しています。
歯車が一つ狂えば、すべてがおかしくなってしまうのです。
私たちは、住みやすい地球を子孫の代まで維持するためにも、
地球温暖化や異常気象について、
もっとじっくり向き合う時期に来ているのかもしれません。

CHAPTER.4- **1**

地球温暖化

地球温暖化の原因には諸説ある。
バランスが崩れた時、究極の異常気象が?!

地球を取り巻く大気の中身はというと、最も多いのが窒素で78%、次に私たちにとって大切な酸素が21%で、これらを足すと99%になります。残りはわずか1%。昨今地球温暖化で問題となっている二酸化炭素などの温室効果ガスは、実のところ、その他1%に含まれる極めて微量な気体なのです。とはいえ、1900年以降に増加が目立ちはじめた二酸化炭素は、それ以前の280ppmから現在365ppmへと大幅に増加していることが確認されています。

地表面から放出される熱が、大気中の水蒸気や二酸化炭素によって閉じこめられて気温が上昇する温室効果、これが地球温暖化のシナリオです。確かに、最近の北半球の平均気温は、過去100年で0.8℃も上昇しているとのデータもあります。同様に海水温も上昇しており、北極や南極では、氷河の後退や氷域の縮小、氷山の流出など、地球温暖化を暗示する現象が次々と報告されています。

ところが、これにも諸説あります。「大気中の温室効果ガスはわずか1%なのだから、地球温暖化の主役は水蒸気なのではないか」「地球温暖化は自然の成り行きであり、温暖化の結果として二酸化炭素などの温室効果ガスが増えているのではないか」「地球温暖化による雲の増加は、いずれ日射を遮ることになり、ある時期から地球寒冷化がはじまるのではないか」など、不確定な要素が山積みなのです。

「デイ・アフター・トゥモロー」という映画があります。この映画のストーリーは、温暖化した地球上で巨大低気圧が発生し、北極から猛烈な寒気が南下したために地球の大部分が凍りつくというものでした。風が吹けば桶屋が儲かるのと同じで、一つの現象が次に影響し、それがまた次にという連鎖反応の結果、究極は地球の気温が極高温か極低温のどちらに転んでもおかしくないのかもしれません。

有史以前から、地球はさまざまな気候変動を繰り返してきましたが、年月の長短はあるものの、その都度適度にバランスを保って今日に至っています。このバランス調整機能がゆっくりと進行するのであれば、人間にも対処の術が残されています。現在、自然科学研究者たちの一大関心事とは、まさにそこにあるのです。地球が持つバランス調整機能が、ある日突然劇的に働くのか、それとも限界を超えて崩壊してしまうのか……。

地球温暖化の元凶が人間なのか、それとも自然の変化なのか、もうしばらく様子を見なければなりませんが、いずれにしても、温暖化を促進する二酸化炭素を排出することで成立している現代文明を、少しずつでも変革していかなければならないことだけは確かと言えます。

温室効果

【適度な温室効果】

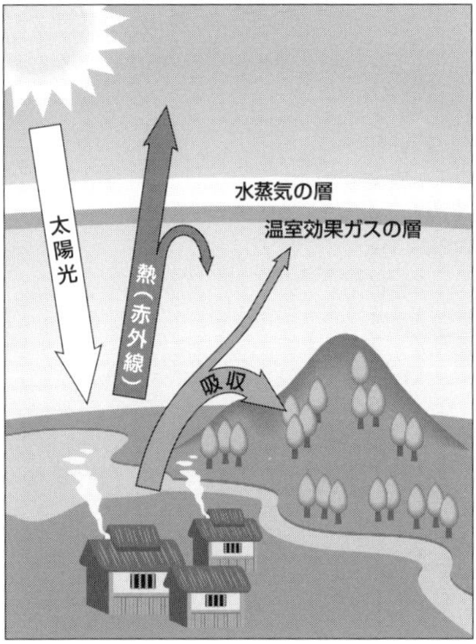

適度な温室効果によって、地上の平均気温は15℃前後に保たれている。

【過剰な温室効果】

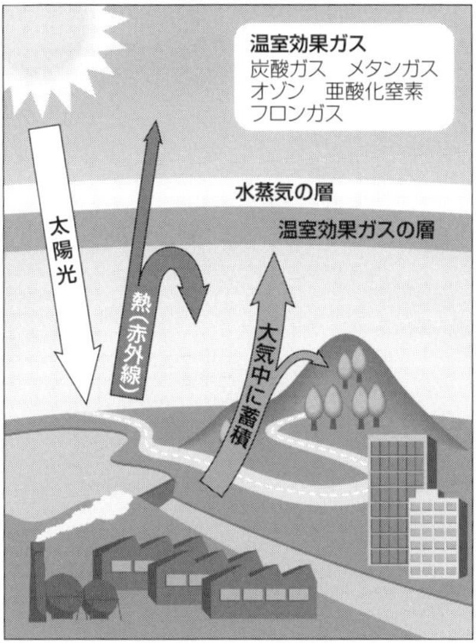

入る熱と出る熱のバランスが崩れると、平均気温は徐々に上昇する。

COLUMN

データで見る地方の温暖化

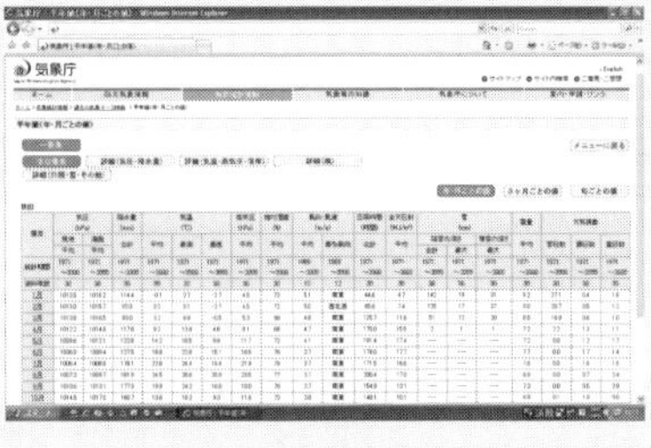

今の地球の温暖化を自身の体感で語る時、「昔に比べて最近は暖かい」などという言葉をよく耳にしますが、それだけではいまひとつ説得力がありません。筆者の妻の実家は秋田にあります。最近、冬になると「今年は雪が少ねえ、暖けえ」などと皆が口を揃えます。そこで、秋田地方気象台の1月と2月の平均気温を調べてみました。すると、1969年から1988年までの20年間では、1月と2月の平均気温が氷点下だった年が、それぞれ14回と13回。それに対して、1989年から2008年までの20年間では、なんと6回と2回しかありません。本書でも書いている1980年代末に起きたとされている「気候レジームシフト」つまり、気候がある年を境に一変したことと見事に一致しているではありませんか。最近ちょっとおかしいなと、身近な気象の変化に気づいた時には、気象庁のウェブサイト（http://www.jma.go.jp/）などで、気象の過去データを調べてみるのも面白いと思います。

CHAPTER.4- **2**

気象レジームシフト

気象の断続的な変化レジームシフトは、生態系をも激変させる

「気象レジームシフト」という聞き慣れない言葉が、気象学者や海洋研究者の間で使われるようになっています。レジームとは講演会の要旨や論文の概要など、いわゆるフランス語でいう「レジュメ」のことで、気象レジームシフトとは「気候の概要が交替する」といった意味合いになります。

地球の大気や海洋のさまざまな気象現象は、10～100年程度の周期で変動すると言われています。ある現象がその正反対のものへと移る時、緩やかな曲線を描くように変化するのではなく、急なデジタル的な変化をする場合、これをレジームシフトと呼びます。北太平洋を例にとると、これまで1920年代、40年代、70年代と3回のレジームシフトが確認されています。そして今、新たに1989～1990年にも起こっていたことが確認されつつあるのです。

1990年代以降、日本での平均気温が急速な上昇に転じていることは、1989～1990年に起きたとされる最新のレジームシフトと合致します。さらに海洋でも興味深い現象が発生していました。1980年代後半には300万トン近くもあったマイワシの年間漁獲量が、1990年代になると急速に減少し、最近ではピーク時に比べて100分の1程度の漁獲量しかないのです。ちなみに北太平洋の反対側、カリフォルニア沖でも同じ現象が起こっています。この急激な漁獲量の減少を乱獲によるものと説明するのは不自然で、生後間もない稚魚の大量死ではないかとする説が有力です。海洋環境がある時期に激変し、マイワシの稚魚の成育を妨げてしまったということです。

マグロも例外ではありません。日本のマグロ漁は、釣り針を50m間隔でぶら下げた延縄漁法がほとんどです。ある意味とても効率の悪い漁法で、釣り針の先のエサに気がつかないマグロが圧倒的に多いはずですから、この漁法による乱獲というのはどうにも合点がいきません。それよりも海洋のレジームシフトによって、マグロが餌とする小さな魚類の生育環境が悪化し、それを追うマグロ自身もエサ不足になる、あるいは魚群が分散して、今まで好漁場とされていた海域にマグロが集まらなくなっている、と考える方が自然ではないでしょうか。

「国内外の魚価は上がる。一方で小売業者や消費者は安いものを欲しがる。魚価の高騰で輸入業者は買うに買えないので売る物がなくなり、いずれ魚の輸入は途絶え、消費者の手の届かないところへいってしまう」と言われています。気候にはじまるレジームシフトが海洋に及び、さらに魚を食する人間社会のレジームまでシフトすることになるかもしれません。

マイワシの漁獲高の変動

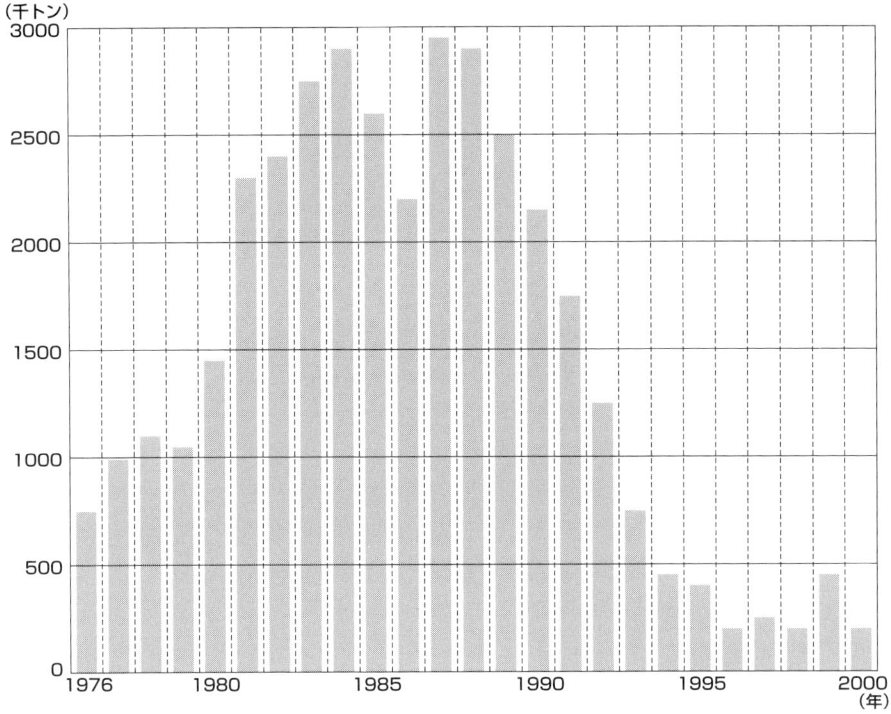

日本におけるマイワシの漁獲高は、1990年代を境に急速に激減。最近は、ピーク時の100分の1程度まで落ち込んでいる（独立行政法人 水産総合研究センター　中央水産研究所調べ）

日本の食卓は大丈夫？

日本の食卓には欠かせない漁業資源。近年大きく漁獲量の落ち込んだ魚種も多い。その原因は、乱獲によるものなのか？ 地球温暖化が理由なのか？ それとも別の理由があるのか？

身近な影響

収穫量および漁獲量とも減少。病虫害および病原体の蔓延も深刻化

気象庁や環境省のレポートを見てみると、平均気温はこの100年間で0.8℃程度上昇したと報告されています。大都市に限れば約3℃。これは都市から大量に排出される熱の影響が大きいのでしょう。

時間毎の降水量が50mmを超えるような大雨はやや増加、ただし地域にばらつきありとなっています。このところ日本の各地で竜巻や集中豪雨が頻発していますが、今のところ必ずしも温暖化の影響とはされていないようです。これが毎年のように起こるとなれば別ですが、ここ1年間だけの異変で地球温暖化と結びつけることは難しいようです。

それでも2100年までの将来予想を見ると、気温は平均、最高、最低ともに4℃程度上昇するとされていますから、真夏には最高気温40℃が当たり前になるのかもしれません。もしそうなると、暖房に使うエネルギーはうんと減りますが、逆に冷房に使うエネルギーは倍増することから、その排熱でさらに暑くなる可能性もあります。

そして一番の重大事といえば、やはり食糧の生産事情が劇的に変わることでしょう。気温の上昇は農業分布が北上することになりますが、となると、冷涼な気候でのみ可能であった農作物はなくなってしまうかもしれません。また現在の熱帯地域はさらに灼熱化し、水不足などの問題が深刻化するはずです。農作物を蝕む病虫害の増加で、食料生産は致命的な打撃を被るかもしれません。日本人の主食である米を考えると、温暖化によって作付け可能地域が北まで広がるように思えますが、同時に南では水不足や病虫害の被害による水田の消失もはじまることから、逆に収穫量は減るとの予想もされています。

野菜や果物のハウス栽培に、温暖化は好都合かもしれません。ところが、野菜も高温に弱い品種がたくさんあり、ここでも水不足と病害虫の被害で収穫が減少するとの見方が正しいようです。畜産も熱中症の被害が増すことから、同じような状況になるでしょう。

一方、漁業にも温暖化は歓迎されません。海水温度の上昇は海水の対流現象を不活発化させます。対流現象が弱まると、栄養豊富な海底の海水が表面まで上がらなくなり、エサ場や漁場の減少は明らかで、とくに沿岸部から問題は深刻化するでしょう。

最後に人間はというと、食糧問題、そして住環境や健康へと徐々に問題が広がっていくような気がします。現在とくに蚊の異常繁殖が懸念されており、病原体の蔓延が大きな社会問題となるかもしれません。また、紫外線の増加による皮膚障害も懸案事項で、アウトドア好きの読者の皆さんにとって心配は募る一方です。

日本の年平均気温平年差

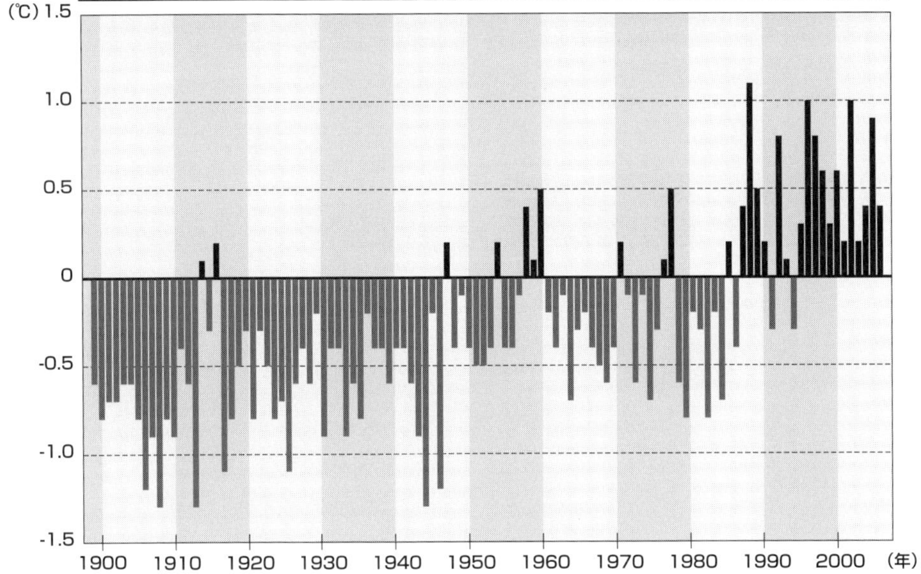

1899年から2008年までの100年間の日本の年平均気温平年差を示した。1年間の平均気温を出し、それを平年の数値と比較したものだが、気温が上昇傾向にあることがよく分かる(気象庁調べ)

日本の年降水量平年比

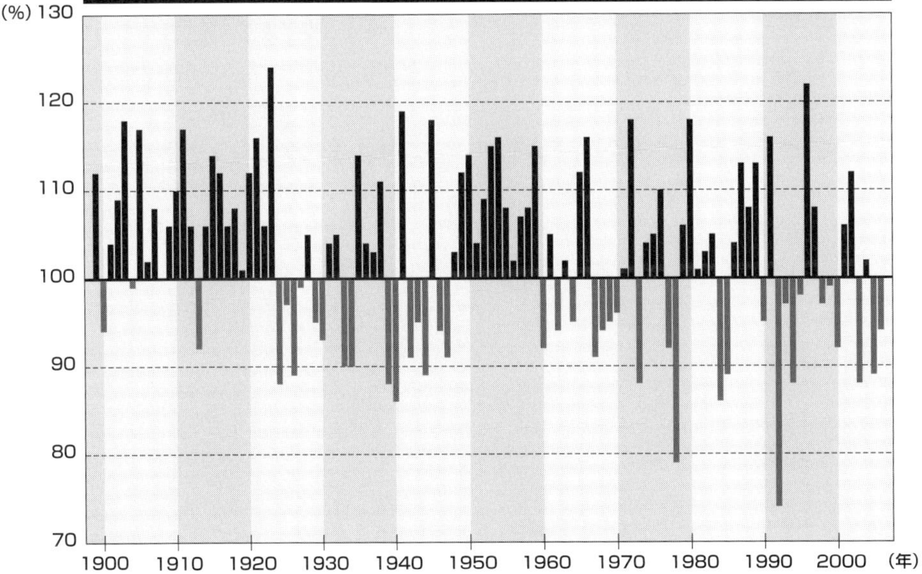

1899年から2008年まで、約100年間の日本の年降水量平年比を示したもの。1年間の降水量を平年の数値と比較したもの(気象庁調べ)

CHAPTER.4- **4**

遠いところでの異変

地球の大動脈、海洋大循環。
冷源の縮小で、速度と流量が減少気味

地球温暖化による気温の上昇は、海流の異変や、北極、南極の氷原縮小にも関係しています。筆者が南極観測船に同乗した時に印象的だったのは、氷山や流氷との遭遇が、例年になくとても多かったことです。一見温暖化と背反しているようですが、実は南極大陸の周りにある氷が壊れやすくなり、壊れた氷が氷山となって南極海に流れ出しているわけです。夏(日本の冬)の間、南極海を覆っている氷原に大きな穴が開く現象を「ポリニア」と言い、年々拡大しているという報告もあります。

また、気温上昇による海洋の変化で、今最も注目されているものに「海洋大循環」があります。北極海に近いグリーンランド沖で十分に冷やされた重い海水は、南北アメリカ東海岸沖の深層を南下し、南極のウェッデル海にある高密度な南極底層水と合流、さらにオーストラリア南沖からハワイの北まで流れたところで表層に浮かび上がります。浮かび上がった海水は、今度は西に向かってインド洋に入り、アフリカ沖から北上して再びグリーンランドへ戻っていきます。この海洋大循環は熱や物質を輸送するとともに、二酸化炭素を吸収する重要な役割を果たしています。

ところが近年、この海洋大循環の冷源であるグリーンランドの氷が気温の上昇で縮小しているため、大循環の速度と流量が減少しているというのです。1回の循環に2,000年もの歳月がかかるという、言わば地球の大動脈である大循環の異変が、この先地球へどのような影響を及ぼすのか、最先端のシミュレーションを用いた研究が進められています。

センセーショナルなニュースはまだ聞こえてきませんが、海を現場とする漁師や研究者の間では、大循環の異変を予感させる事象に出くわすことがあるといいます。マグロ漁などの遠洋漁業や、南極のオキアミ漁は近年不漁続きで、オキアミを餌としている南極大陸周辺のペンギンも激減しているそうです。

海洋大循環が停滞すると海水温度は上昇し、結果として海面付近に高温の軽い水が溜まってしまいます。すると海面から海底に至る海水の循環が滞ってしまい、海底に多く溜まっている栄養分が海面まで上がってこなくなります。つまり海がやせてくるのです。海がやせるとあらゆる生物が住めなくなってしまいます。そしてそれがいずれは陸上にも影響してくるという、何とも恐ろしい話なのです。

問題はこの異変が地球温暖化によるものなのか、数十年から数千年周期で訪れる必然的な自然変動に起因するものなのかということですが、いまだ結論は出ていません。また最近では、逆に寒冷化にあるなどという報告も出ています。

海洋大循環

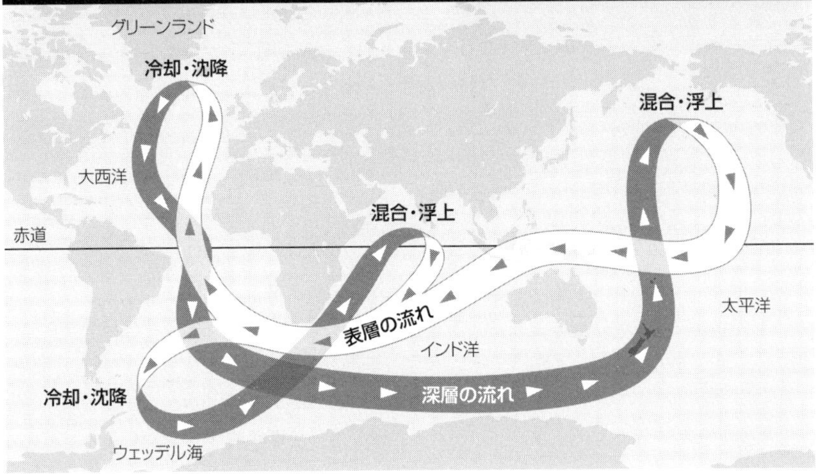

いま目の前にある海水は、実は地球全体をぐるりと回ってきたものだ。また、海底から海面まで同じように流れているわけではなく、上下の層によって異なる方向に海水が流れていることもある。

COLUMN　異常気象で世界のビジネス地図が変わる？

今から17年前、一冊の本を出版しました。題して「異常気象で世界のビジネス地図が変わる」（HBJ出版局刊）。過去から現在に至る気候変動と人間社会の関わりを調べ、今後起こりうる可能性のある気候変動や地球環境の変化の中で、世界のビジネスがどんな方向に向かうかを予想するという、壮大な（？）ビジネス書でした。1万部が完売と、初めての著書としては異例の売れ行き。タイトルが衝撃的だったのかもしれません。異常気象が相場を動かす、気候がビジネスを変える、気候の変化が生活を変える、異常気象は何を意味するのか……気象とビジネスの関わり合いについて、自分なりの意見を述べたつもりです。もっとも、これから先にどのような気候変動が起きるのか、予測が難しいことは言うまでもありません。気候変動にも耐えうるものといえば……やっぱりヨットでしょう。気候の良いところを探して、風まかせの旅をするというわけです。

お天気 用語集

ここでは、本書に出てくる用語を中心に、ふだん天気予報を利用する際に知っておきたい用語を集めました。いずれも基本となる言葉ですから、覚えておけば、きっと天気予報がより身近に感じられるようになるはずです。

あ

あきさめ【秋雨】 日本において、9月中旬から10月上旬にかけて降る長雨。

あきさめぜんせん【秋雨前線】 梅雨前線と同じように、秋のある時期に停滞する前線。

あげしお【上げ潮】 干潮から満潮に向かう潮。

あさぎり【朝霧】 朝に立つ霧。秋の季語。

あねったいこうきあつ【亜熱帯高気圧】 緯度20〜30度付近に、年間を通じて存在する高気圧。日本の夏に影響する北太平洋高気圧も一つ。

あめ【雨】 空から落ちてくる水滴やその天候。

あめだす【アメダス】 気象庁の「地域気象観測システム（Automated Meteorological Data Acquisition System）」の通称。日本国内約1,300カ所にある。

い

いじょうきしょう【異常気象】 通常（過去30年）とは異なる気象現象。30年に1回以下の気象現象。

いどうせいこうきあつ【移動性高気圧】 温帯低気圧と交互に、西から東へ移動する高気圧。春と秋に多く現れる。

いりゅうぎゃくてんそう【移流逆転層】 普通、高さとともに温度は下がるが、冷たい地表や海面上に温かい空気が流れて、温度が逆転すること。

う

うねり【うねり】 台風などによって作られた波が伝わってきた、波長の長い規則的な波。

うんちょうこうど【雲頂高度】 雲の頂上の高さ。衛星によって測定する場合、雲頂の温度から高度を推定する。

うんりょう【雲量】 空の全天に占める雲の割合。国際的には8分の1単位、日本では10分の1単位を使用。

え

えいせいつうしん【衛星通信】 人工衛星を使った通信。静止衛星を使うインマルサットと、低軌道の周回衛星を使うイリジウムとが一般的。

エルニーニョ【El Nino】 南米の太平洋赤道域で、数年ごとに海面水温が平年より高くなり、半年から1年半程度続く現象。逆の現象がラニーニャ。

お

おおしお【大潮】 半日周期の潮の干満の差が大きい状態。太陽と月、地球が一直線上に並ぶ新月と満月の時。

おしのきせつふう【押しの季節風】 西高東低型の気圧配置のうち、シベリア高気圧の勢力が強く、高気圧から押し出されるように季節風が吹く状態。

おほーつくこうきあつ【オホーツク高気圧】 オホーツク海付近で勢力を強める冷たい高気圧で、梅雨期に現れることが多い。

おやしお【親潮】 千島列島から北海道、本州太平洋岸に沿って南下する冷たい海流（寒流）。

おろし【颪】 山などから吹き下ろす冬の季節風。

おんしつこうかがす【温室効果ガス】 大気圏にあり、地表から放射された赤外線の一部を吸収することで温室効果をもたらす気体の総称。二酸化炭素、メタン、一酸化二窒素など6種類が該当。

おんだんぜんせん【温暖前線】 温帯低気圧前方の前線で、暖かい空気が冷たい空気の上になだらかにはい上がる。雨はしとしとと長時間続く。

か

かいりゅう【海流】 地球規模で起きる、海水の水平方向の流れ。親潮、黒潮、北赤道海流など。

かいじょうかぜけいほう【海上風警報】 海上で、風速が28kt以上34kt未満の状態になっているか、または24時間以内にその状態になると予想される場合に、その旨を注意して行う予報。

かいじょうきょうふうけいほう【海上強風警報】 海上で、風速が34kt以上48kt未満の状態になっているか、 24時間以内にその状態になると予想される場合に、その旨を注意して行う予報。

かいふう【海風】 日中、気温の低い海から気温の高い陸に向かって吹く風。

かいめんこうどぶんぷ【海面高度分布】 観測衛星が持つ、マイクロ波照射計で測定された地球楕円体から海水面までの高さ。

かいようだいじゅんかん【海洋大循環】 海面上の風や海水の密度の違いによって起きる、大洋の表層と深層で起こる水平方向の流れ。

かいりくふう【海陸風】 海と陸の温度差によって、日中は海から陸に、夜間は陸から海へ吹く風。

かいりゅうず【海流図】 海流の様子を表した図。船観測、レーダー観測、衛星観測（海面高度）など数種類がある。

かこうきりゅう【下降気流】 上空から地表へと下向きに起こる大気の運動。

かさぐも【笠雲】 山の斜面を上がった大気が、気圧の低下とともに膨張して冷やされ、水蒸気が凝結してできた雲。

ガストフロント【gust front】 積乱雲からの冷たい下降気流が地表で吹き出し、周囲の暖かい空気と衝突した際にできる小規模な前線。

かそううん【下層雲】 高度2,000m以下、温度マイナス5度以上で発生する雲（層積雲）。

かなとこぐも【かなとこ雲】 およそ高度10,000m付近で、積乱雲の頂上が上空の強い風に流されて水平に広がったさま。

カリフォルニア海流【California current】 太平洋のカリフォルニア沖合いを南に流れる寒流。北太平洋海流の東部分（西部分は黒潮）。

かんき【寒気】 周囲に比べて低温な空気。主に上空の低温場を指す。

かんそう【乾燥】 空気中の湿気が少ない状態。気象庁の注意報では、最小湿度が25〜40%程度。

かんそく【観測】 気象現象の変化や移り変わりを量的に測ること。

かんそくてん【観測点】 気象観測が行われる場所。

かんちょう【干潮】 1日2回ずつ現れる海面の低い状態。海面の高い状態を満潮という。

かんてんぼうき【観天望気】 自然現象や生物の行動の様子などから、天気を予想すること。

かんれいぜんせん【寒冷前線】 冷たい空気が暖かい空気を押し上げるように移動する時の、両者の地上での境界。

きあつ【気圧】 大気の重さ（＝大気の圧力）。温度と体積で気圧は変わる。

きあつけい【気圧計】 気圧を測定する機器。

きあつのおね【気圧の尾根】 渦状でない気圧の高い所（高気圧は渦状）。低気圧と低気圧の間なども気圧は高いので、気圧の尾根と呼ばれる。

きあつのたに【気圧の谷】 渦状でない気圧の低い所（低気圧は渦状）。高圧部と高圧部の間なども気圧は低いので、気圧の谷と呼ばれる。

きあつのにちへんか【気圧の日変化】 日中と夜間の温度変化で変わる、1日の気圧の変化。

きあつはいち【気圧配置】 地上天気図および高層天気図などにおける、高·低気圧、前線、等圧線、等高度線などの分布状況。

きおん【気温】 大気の温度。

きおんのぎゃくてん【気温の逆転】 普通、上空ほど気温は低くなるが、これが逆転して、上空のある層の方が気温が高い現象。

きこうじょうほう【気候情報】 気温、降水量、風など気象要素について、長期間（過去30年程度）の資料を統計処理した情報。平年値ともいう。

きこうへんどう【気候変動】 気温、降水量、雲など、さまざまな気象現象の長時間（数年から数十年、あるいはそれ以上）の変化。

きこうれじーむしふと【気候レジームシフト】 自然科学では、気候の概要が交替（一変）すること。

きしょうえいせいひまわり【気象衛星ひまわり】 日本の静止気象衛星の愛称。2011年現在、ひまわり7号の雲画像が利用されている。

きしょうちょう【気象庁】 国土交通省の外局であり、気象業務法の下で気象、地象、水象に関わる観測や予報などを行う。

きしょうふぁくす【気象FAX】 地上の無線局（海岸局）から船舶向けに、ファクシミリ送信される気象情報。気象模写放送という。専用受信機、あるいは短波ラジオとパソコンで受信可能。

きたかいきせん【北回帰線】 北半球の北緯23度26分22秒付近で、北半球の夏至に太陽光が直角に当たる場所。

きたたいへいようかいりゅう【北太平洋海流】 黒潮に続く、東へ流れる海流の総称で、幅は広いが流速は小さく、だいたい北緯30〜40度、東経160度〜西経150度の範囲に存在する。

きょうふうちゅういほう【強風注意報】 強風によって災害の起こるおそれがある場合に、その旨を注意して行う予報。

きょくきどうえいせい【極軌道衛星】 北極上空から南極上空の縦回りを軌道とする人工衛星。

きょくちきしょう【局地気象】 広さ数百km^2以下、寿命数時間以下の局地的な気象。地形などに影響される地域独特の気象。

きょくちふう【局地風】 特定の地域、季節に限って吹く風。

きり【霧】 大気の温度が下がり、含まれていた水蒸気が小さな水粒となって空中に浮かんだ状態。

きりぐも【霧雲】 霧が主となった雲。層雲。

くも【雲】 大気中に浮かぶ水滴、または氷の粒（氷晶）の塊。その形や現れる場所によって、今後の天気を予測することも可能。

くろしお【黒潮】 東シナ海を北上し、日本の南岸沿いに房総半島沖から東へ流れる海流。遠州灘から伊豆諸島で大きく蛇行することがある。

け

けいほう【警報】 暴風、大雨、洪水などによって重大な災害の起こるおそれのある旨を警告して行う予報。

げつれい【月齢】 月の満ち欠けの周期。新月と満月の時が、潮の干満が最大となる大潮。

けつろ【結露】 空気中の水蒸気が水滴となること。この時の温度を露点温度といい、湿度50〜60%の空気では、気温より10度前後低い。

けんうん【巻雲】 およそ高度6,000m以上、温度マイナス25度以下で発生する雲。

こ

こうきあつ【高気圧】 周囲より気圧の高い部分をいい、北半球では右回り、南半球では左回りの渦を作る。

ごうせいはこう【合成波高】 複数の波が混在するときの波の高さ。それぞれの波高を2乗して合計し、その平方根で計算される。

こうそう【高層】 地表に対して高さを持った層。

こうそうかんそくじょ【高層観測所】 観測気球などによって、高層の気象を観測する所。観測データは地上に無線で送られる。

こうそうてんきず【高層天気図】 上空の気象状態を描いた天気図。同じ気圧の高度で表す。850hPa天気図、700hPa天気図などがある。

ごうどうたいふうけいほうせんたー【合同台風警報センター】 アメリカ海軍と空軍が、ハワイ州真珠湾海軍基地の海軍太平洋気象海洋センターに共同で設置した台風監視機関。JTWC（Joint Typhoon Warning Center）。

ごくちょうたんぱ【極超短波】 UHF（Ultra High Frequency）。極超短波帯（300MHz〜3GHz）の周波数の電波。

こくりつかいようたいきちょう【国立海洋大気庁】 NOAA（National Oceanic andAtmospheric Administration）。アメリカ合衆国商務省にある、海洋と大気を専門としている機関。

こしお【小潮】 月が半分に見える上弦と下弦の数日間に、潮の干満の差が小さくなること。大潮の逆の現象。

ことしいちばん【今年一番】 ある気象現象が、今年に入ってから一番であるという意味。

こはるびより【小春日和】 初冬（11月頃）の穏やかで暖かい春のような陽気のこと。

コンパス【compass】 磁石を応用して作られた、方位を知るための道具。実際には場所によって偏りがあり、真の北と南は指さない。

さ

さーまるげんしょう【サーマル現象】 地表面の温度が上がり、接する面の空気が暖められて上昇する現象。

サイクロン【cyclon】 インド洋や南太平洋で発生する熱帯低気圧。北太平洋では「台風」、大西洋や東太平洋では「ハリケーン」という。

さいだいしゅんかんふうそく【最大瞬間風速】 一定時間内の瞬間風速の最大値。平均風速の約2倍。

さいだいふうそく【最大風速】 一定時間内の10分間平均風速の最大値。平均風速の約1.5倍。

さいてききしょうこうろ【最適気象航路】 最短距離の航路は必ずしも最短時間ではなく、気象条件を考慮した最短時間の航路。ある気象条件以下での快適性を求めた航路でもある。

さげしお【下げ潮】 満潮から干潮にかけて海面が下がりつつあるときの潮。

さんそ【酸素】 元素記号O。地球上には、空気や水など酸化物の構成要素として多量に存在する。O三つで構成されるものがオゾン。

サンダーストーム【thunder storm】 発達した積乱雲による雷、風雨を伴う嵐。

し

じーえすえむ【GSM】 Global Spectral Model。地球全体の大気を対象とした、気象庁の数値予報モデル。

しけ【時化】 悪天候で海上が荒れること。およそ波高が4mを超えた場合を指す。

しっけ【湿度】 空気内の水蒸気量と、その時の気温における飽和水蒸気量との比を百分率で表したもの。

じてん【自転】 地球が、極を軸として24時間に1回転する状態。

しゅうかんよほう【週間予報】 発表日翌日から7日先までの天気、気温などの予報。

しゅうりん【秋りん】 秋の長雨。

じゅっぷんかんへいきんふうそく【10分間平均風速】 毎正時前10分間の風速を平均したもの。一般的に風速とはこの数字を指す。

じょうくうのたに【上空の谷】 高層天気図における気圧の谷を表す。別名トラフ。

じょうしょうきりゅう【上昇気流】 熱や地形などが原因となって上昇していく大気。

じょうそううん【上層雲】 高度6,000m以上、温度マイナス25度以下で発生する雲(巻雲、巻積雲、巻層雲)。

じょうそうかんき【上層寒気】 上層にある寒気。一般的には5,000m付近を指す。

しらなみ【白波】 海面全体に波の頂上部分が風に飛ばされている状態。通称「ウサギが飛ぶ」状態で、風速6～8m/s辺りから目立ち始める。

じんこうえいせい【人工衛星】 地球の周りを回る人工天体。通信や気象、海洋などの自然観測、軍事目的などさまざまな利用がある。

す

すいじょうき【水蒸気】 水が気体となった状態。

すいじょうきりょう【水蒸気量】 空気中の水蒸気の量。g/m^3で表す。

すうちきしょうよほう【数値気象予報】 大気の状態や変化を数値的に計算し、将来の天気(気象現象)を予測する手法。

すうちよほうもでる【数値予報モデル】 大気のさまざまな状態を表す物理量の計算式。

せ

せいこうとうてい【西高東低】 日本において、西に高気圧、東に低気圧がある時の気圧配置。冬型の気圧配置。

せいしえいせい【静止衛星】 赤道上空の高度約36,000kmで、地球の自転と同じ周期で公転している衛星。見かけ上は常に同じ場所にある。

せきうん【積雲】 およそ高度500～2,000m付近にできる綿状の雲。

せきどうかいりゅう【赤道海流】 赤道を挟んで東から西へ流れる二つの海流の総称。北赤道海流と南赤道海流がある。

せきどうせんりゅう【赤道潜流】 北赤道海流や南赤道海流の直下で、西から東へと流れている海流。「クロムウエル海流」とも呼ばれる。

せきらんうん【積乱雲】 積雲が、強い上昇気流によって発達し、時には雲頂が10,000m以上にも達する巨大な対流雲。雷、豪雨、突風を伴うこともある。別名「入道雲」。

せっちぎゃくてんそう【接地逆転層】 夜間に晴れて風が弱い時、(放射冷却で)地表面温度が空中より低くなること。

せのたかいこうきあつ【背の高い高気圧】 空気が高高度から下降してくるような高気圧。乾燥していて雲ができにくい。太平洋高気圧が代表的。

せのひくいこうきあつ【背の低い高気圧】 シベリア高気圧が代表的。下降してくる空気は寒冷で、高さが低い。その上には上昇する気流があり、雲が発生する。

ぜんせん【前線】 温度などが異なる大気の境目が地面と接するところ。空中では前線面という。

せんたいちゃくひょう【船体着氷】 海上で、低温と強風による波しぶきや雨、霧が船体に付着し、凍結する現象。

せんぱくきしょうつうほう【船舶気象通報】 船舶の航行の安全を図るため、海上保安庁が各地の灯台などの気象観測結果を、毎時定期的に放送しているもの。

そ

そううん【層雲】 最も低い所に浮かぶ層状の雲。雲底は地上付近にあり、霧雲とも呼ばれる。

そうじょうのくも【層状の雲】 比較的安定した大気中に発生し、広範囲に水平に広がった雲。

た

たいき【大気】 地球の表面を覆う気体。窒素、酸素、アルゴン、二酸化炭素などで構成される。

たいきあんていど【大気安定度】 大気の上下の混合、拡散の度合い。安定中立、不安定、逆転がある。

たいきげんしょう【大気現象】 大気のさまざまな現象や気象現象(雨、雪、風、霧、雷など)。

たいきふあんてい【大気不安定】 積乱雲ができやすく、上空に寒気が入った状態。

たいふう【台風】 赤道の北、東経180度以西100度以東で発生する熱帯低気圧のうち、最大風速34kt(17.2m/s)以上のものを指す。

たいりゅうげんしょう【対流現象】 大気や液体が、温度差などが原因で上下に不均質性が生まれ、それを解消しようとする現象。

ダイレクトセンシング【direct sensing】 測定器などを用いて、直接陸上や海洋、大気などのいろいろな現象を探るための技術。

ダウンバースト【down burst】 発達した積乱雲により、局地的に、短時間に吹き出す極端に強い下降気流。

だし【だし】 主に日本海沿岸で発生する、陸から海に吹き出す地方風(局地風)。

たつまき【竜巻】 積乱雲に伴って地上から雲まで延びる、上昇気流を伴う高速の渦巻き。

だんき【暖気】 周囲に比べて温度が高い空気。

ち

ちきゅうおんだんか【地球温暖化】 大気や海洋の平均温度が、長期的に見て上昇する現象。地球固有の長期的な変化と、人間活動による温室効果ガスの増加が原因といわれている。

ちじょうてんきず【地上天気図】 地表(海面)の気圧を等圧面(同じ気圧のところ)で表した図。

ちゅういほう【注意報】 災害が起こるおそれがある場合に注意を促すため、気象官署から発表される知らせ。

ちゅうそううん【中層雲】 高度およそ2,000〜6,000mで発生する雲。

ちょうきよほう【長期予報】 1カ月予報、3カ月予報、暖·寒候期予報など。季節予報ともいう。

ちょうりゅう【潮流】 1日2回の潮汐の上下動に伴う海水の流れ。

つ

つなみ【津波】 海底地震が引き起こす高波。

つゆ【梅雨】 5月〜7月に起きる雨の多い期間。

て

ていきあつ【低気圧】 周囲より気圧が低く、渦を巻いている部分。

ていたいぜんせん【停滞前線】 暖かい気団と冷たい気団の勢力が等しく、ほとんど動かない状態の前線。

てんきよほう【天気予報】 ある地域を対象に、将来の気象状態を予測し、結果を広く伝えること。

てんきず【天気図】 気象観測の結果を地図上に記入し、等圧線、前線、高気圧、低気圧などを描いた図。

と

とうあつせん【等圧線】 気圧の同じ値のところを結んだ線。

とっぷう【突風】 瞬時に吹く強い風。積乱雲などの下降気流に伴って起こる。

な

なみ【波】 海洋表面の上下動。風によって発生したもので、風浪とうねりからなる。

なんきょくかい【南極海】 南極大陸の周囲を囲む、南緯60度以南の海域。

に

にさんかたんそ【二酸化炭素】 酸素2個と炭素1個の化合物。物を燃やす際に発生する。H_2O。

にしだに【西谷】 日本付近の上空を西から東に流れる偏西風が、日本の西で南に落ち込んだ状態。日本付近の天候が悪化する前兆。

にっしゃ【日射】 太陽が出す放射エネルギー。

にゅうどうぐも【入道雲】 積乱雲の別名。

にゅうばい【入梅】 梅雨入りの日。梅雨の季節全体を「入梅」と呼ぶ地域もある。

にわかあめ【にわか雨】 局地的に起こる一過性の雨。積乱雲によるものが多い。地雨の逆。

ね

ねつえねるぎー【熱エネルギー】 熱による仕事量。

ねったいじょうらん【熱帯擾乱】 熱帯で起きる大気の乱れ。低気圧性の渦の総称。

ねったいていきあつ【熱帯低気圧】 熱帯から亜熱帯の海洋上で発生する前線を持たない低気圧。エネルギー源は水蒸気。

ねつようりょう【熱容量】 ある物体の温度を1度上昇させるのに必要な熱量。

の

ノット【knot】 速さの単位。1ノット(kt)は1時間に1海里(1.852m)進む速さ。

は

ばいうぜんせん【梅雨前線】 春の終わりから盛夏に季節が移り変わる時期に、日本から中国大陸付近に現われる停滞前線。

パイロットチャート【pilot chart】 航海に必要な気象·海象の統計情報を表した地図。風、波浪、海流、海氷、等温線、台風の経路、主要港間の大圏航路などが掲載されている。

はぐれなみ【はぐれ波】 海上で不規則に発生する波。

ハリケーン【hurricane】 大西洋北部および南部、太平洋北東部および北中部で発生した熱帯低気圧のうち、最大風速が64kt以上のもの。

はんりゅう【反流】 ある方向への流れに対して、逆向きの流れ。補償流。黒潮反流、赤道反流などがある。

ひ

ひーとあいらんどげんしょう【ヒートアイランド現象】 人工熱や都市環境などの影響で、都市域が郊外と比較して高温となる現象。

ひがしだに【東谷】 日本付近の上空を西から東に流れる偏西風が、日本の東で南に落ち込んだ状態。日本付近の天候は比較的良い。

ひきのきせつふう【引きの季節風】 日本の東海上の低気圧が発達し、低気圧に引き込まれるような形で吹く強い北寄りの風。

ひつじぐも【羊雲】 秋によく見られる中層雲の一つで、小さな雲の固まりがたくさん並び、羊の群れに似ていることから付けられた名前。

ひょう【雹】 積乱雲から降る直径5mm以上の氷の粒。

ぴんぽいんとよほう【ピンポイント予報】 特定の地域、あるいは場所における天気予報。

ふ

ふうそく【風速】 空気が移動する速さ。気象観測ではm/s(メートル毎秒)か、kt(海里/時間)。

ふうそくけい【風速計】 風の速さを測る機器。

ふうりょくかいきゅう【風力階級】 風の強さを表す階級。イギリスの海軍提督だったフランシス・ビューフォートが1806年に提唱した。

ふうろう【風浪】 その場所で吹いている風によって引き起こされた波。

フェーン現象【foehn phenomena】 風が山越えをして降りてくる高温の乾いた風が吹く現象。日本海に低気圧がある時に、日本海側の平野部で多く発生する。

フォグバンク【fog bank】 冷たい海面(氷原など)に暖かな気流が流れ込み、海面上に霧雲が形成された状態。

ふきそくは【不規則波】 沖合の海で見られる波の峰が切れた不規則な波。

ふたつだまていきあつ【二つ玉低気圧】 日本列島を挟んで、日本海側と太平洋側を進む二つの低気圧。共に北東方向に進み発達するので、全国的に強い風雨をもたらす。

ふゆがたのきあつはいち【冬型の気圧配置】 冬に現れる西に高気圧、東に低気圧がある気圧配置。日本海側で雪または雨、太平洋側では晴天、強い風といった現象をもたらす。

へ

へいきんふうそく【平均風速】 通常、10分間の風速を平均した値。ほかに1分平均、3分平均などがある。

へいそくぜんせん【閉塞前線】 寒冷前線が、前を進む温暖前線に追いついた時に発生する前線。

へいねん【平年】 気象の場合、30年間の平均。

ヘクトパスカル【hect pascal】 hPa。国際単位系の圧力・応力の単位。$1m^3$の面積につき、1ニュートンの力が作用する圧力または応力。

べくとるへいきん【ベクトル平均】 風速と風向の両方を平均する方法。

へんせいふう【偏西風】 中緯度において、ほとんど常時吹いている西寄りの風。

へんせいふうのだこう【偏西風の蛇行】 偏西風が、南と北の温度差を減少させるように南北に波を打ち蛇行すること。

へんそくなみ【変則波】 海上で2方向以上上から来る不規則な波。

ほ

ぼうえきふう【貿易風】 亜熱帯高圧帯から赤道低圧帯へ常に吹いている東寄りの風。

ほうしゃ【放射】 光や熱などが放出されること。

ぼうふうけいほう【暴風警報】 海上で風力10以上の風が予想される際に出される警報。

ほうわすいじょうきりょう【飽和水蒸気量】 $1m^3$の大気が収容できる水蒸気の重さ。

ポリニア【polynya】 南半球の夏(日本の冬季)、南極を覆っている氷原に大きな穴が開く現象。

ま

まんちょう【満潮】 1日2回ずつ現れる海面の最も高い状態。

み

みなみかいきせん【南回帰線】 南半球の南緯23度26分22秒付近で、南半球の夏至(北半球の冬至)に太陽光が直角にあたる場所。

や

やませ【やませ】 春から夏にオホーツク寒気団から吹く、冷たく湿った東寄りの風。

ゆ

ゆうぎはこう【有義波高】 ある地点で一定時間(たとえば20分間)に観測される、波の高いほうから3分の1の波について平均した波高。

ゆうだいせきうん【雄大積雲】 晴れた日によく発生する、積雲が発達した雲。

ゆうやけ【夕焼け】 日没時に西の地平線に近い空が赤く見える現象。

ゆき【雪】 地上から上空までの気温が低い時に空から落ちる水や氷の結晶。

よ

よそうてんきず【予想天気図】 予想される気圧配置などを計算した天気図。

よほうきかん【予報期間】 これから起きると思われる大気現象を予測する期間。

ら

らいうん【雷雲】→せきらんうん【積乱雲】。

ラニーニャ現象【La Nina】 東部太平洋赤道域の海面水温が平年より低くなる現象。

らんそううん【乱層雲】 空全体を一様に覆う灰色の雲で、雨や雪を降らせる代表的な雲。

ランダムウェーブ【random wave】 海上で2方向以上から来る不規則な波。

らんりゅう【乱流】 水や空気などが乱れて流れる状態。

り

リモートセンシング【remote sensing】 人工衛星や航空機など離れたところから、陸上や海洋、大気などの現象を探るための技術。

れ

レーダー【radar】 雨滴、雪片などからの散乱波を受信、降水の強度や位置などを観測する装置。

あとがき

天気予報は使い方ひとつ。
基本が分かれば、遊び方も広がる！

世にあふれる気象関連の書籍というのは、専門用語や難しい数式などが多く使われているものがほとんどです。「この本だけは難しい専門用語を絶対に使わないぞ」という覚悟で書き始めたのですが、思った以上に筆が進まず、やはり自身の知識の足りなさを痛感する結果となってしまいました。全編にわたって筆者の経験を基にした気象の話題に終始しましたが、気象をよくご存じの方にとっては、物足りない本になってしまったのではないかと反省しております。

ただし、気象という自然現象の不可思議さについて、「なぜ？」「なぜ？」と追及していく過程をできるだけ単純に説明できるように、また、お子さんやお孫さんから質問された際にも、そのまま使えるような平易な語句を選んで書いたつもりです。

この地球の大気現象、気象現象の主役は大気（空気）であり、熱であり、そして水です。そのふるまいは、上下の、そして右回りあるいは左回りの渦からなる単純な構造にすぎません。しかし、問題はその「渦」が、地球を周回するような規模の渦からタバコの煙程度の渦まで混在しているために、現象を複雑化させていると言えます。

そんなわけで、天気予報を利用する側にとって、最も必要な局地現象を、高い精度で、しかも長期的に予測することは、残念ながらまだまだ先の話です。現段階では、気象情報の収集、観測、利用に際して、自分自身が注意を払っていく以外に対処の方法はないと思います。本書では、それ、つまり天気予報を理解する上でのヒントを書き記したつもりです。海をはじめ、アウトドアにおいて気象情報を積極的に利用する方々の、安全と快適の一助になれば幸いです。

今回、気象の本という難問に立ち向かうにあたり、さまざまな資料や文献を参考にさせていただきました。巻末に参考文献として掲載させていただき、まとめられた諸先生に敬意を表したいと思います。また、海上気象の現実について、外洋航海を経験された筆者の先輩諸氏から貴重なご意見を賜りました。ありがとうございます。

また、本書の出版にあたり、アイデアとご支援をいただいた株式会社舵社のスタッフの皆様には、大変お世話になりました。あらためて感謝いたします。

最後に、筆者に気象の初歩から、予報士として南氷洋航海に至るまで、貴重な知識と体験を授けてくれた、父・馬場邦彦に感謝の意を込めて本書を贈りたいと思います。

参考文献

『CRUSING WEATHER』
Alan Watts(Nautical Books・1982年)

『WEATHER FORCASTING』
Alan Watts(Adlard Coles Ltd・1967年)

『WIND STRATEGY』
David Aronld(Fernhurst Books・1984年)

『ヘビー・ウエザー・セーリング VOL. 2』
K.Adlard Coles(舵社・1982年)

『EXPLORE ANTARCTICA』
Louise Crossley(CAMBRIDGE UNIVERSITY・1995年)

『OCEAN CIRCULATION』
OPEN UNIVERSITY COURSE TEAM(PERGAMON PRESS・1989年)

『Weather and Climate』
Patrick moore(ORBIS PUBLISHING・1974年)

『WAVES, TIDES AND SHALLOW-WATER PROCESSES』
THE OCEANOGRAPHY COURSE TEAM(PERGAMON PRESS・1989年)

『ローカル気象学』
浅井富雄(東京大学出版会・1996年)

『局地風のいろいろ』
荒川正一(成山堂書店・2000年)

『波浪概論』
磯崎一郎(財団法人日本気象協会・1990年)

『風のはなしI』
伊藤 学(技報堂出版・1986年)

『風のはなしII』
伊藤 学(技報堂出版・1986年)

『海の気象教室』
大塚龍蔵・宮内駿一(海文堂出版・1974年)

『メソ気象の基礎理論』
小倉義光(東京大学出版会・1997年)

『天気・気象』
学研の図鑑編(学研研究社・1979年)

『ひまわり画像の見方』
気象衛星センター編(財団法人日本気象協会・1983年)

『台風物語』
饒村 曜(財団法人日本気象協会・1986年)

『世界の気象』
高橋浩一郎(毎日新聞社・1974年)

『雲の発生と天気図』
田口八雲(姫路気象株式会社・1979年)

『風の気象学』
竹内清秀(東京大学出版会・1997年)

『ハワイの波は南極から』
永田 豊(丸善・1990年)

『局地気象のみかた』
中田隆一(東京堂出版・2001年)

『気象の教え方学び方』
名越利幸・木村龍治(東京大学出版会・1994年)

『新教養の気象学』
日本気象学会編(朝倉書店・1998年)

『気象科学事典』
日本気象学会編(東京書籍・1998年)

『やさしい天気図の読み方』
馬場邦彦(舵社・1996年)

『海の天気図』
馬場邦彦(舵社・1986年)

『プレジャーボーティングのための気象ハンドブック』
馬場邦彦(舵社・1993年)

『異常気象で世界のビジネス地図が変わる』
馬場正彦(HBJ出版局・1990年)

『海洋性レクリエーション 基礎理論編』
馬場正彦(ブルーシー・アンド・グリーンランド財団・2007年)

『高層気象とFAX図の知識(六訂版)』
福地 章(成山堂書店・1997年)

『天気予報の知識と技術』
古川武彦(オーム社・1998年)

『70歳 太平洋処女航海』
村田和雄(エイバックズーム・2007年)